雾满拦江

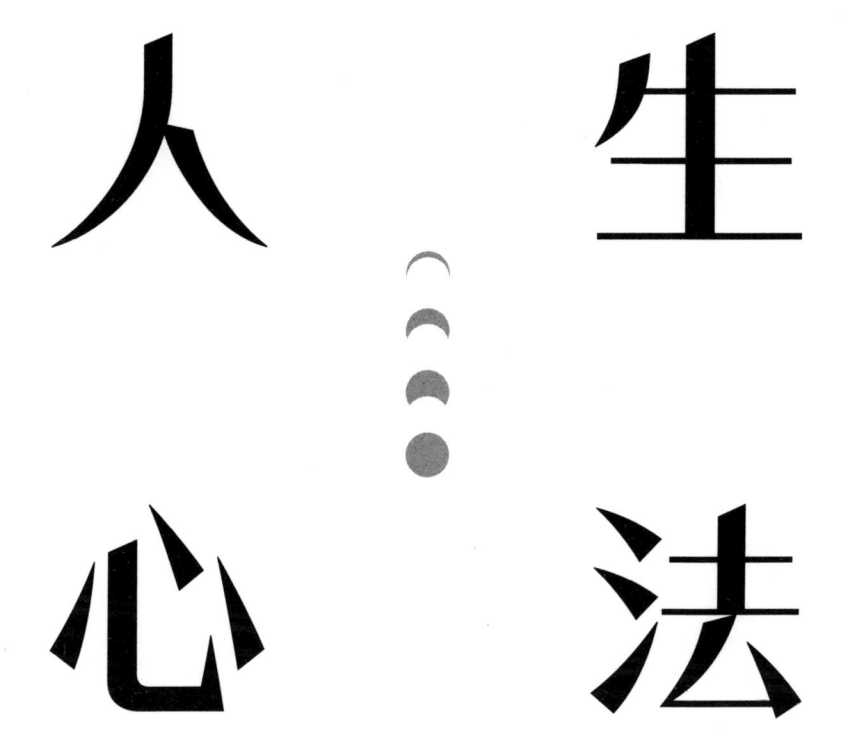

- 著 -

人生心法

© 中南博集天卷文化传媒有限公司。本书版权受法律保护。未经权利人许可,任何人不得以任何方式使用本书包括正文、插图、封面、版式等任何部分内容,违者将受到法律制裁。

图书在版编目(CIP)数据

人生心法 / 雾满拦江著. -- 长沙 : 湖南文艺出版社, 2023.2
 ISBN 978-7-5726-0977-0

Ⅰ.①人… Ⅱ.①雾… Ⅲ.①人生哲学 Ⅳ. ①B821

中国版本图书馆 CIP 数据核字(2022)第 239311 号

上架建议:畅销·励志

RENSHENG XINFA
人生心法

著　　者:雾满拦江
出 版 人:陈新文
责任编辑:匡杨乐
监　　制:秦　青
策划编辑:康晓硕
特约编辑:盛　柔
营销编辑:王思懿
封面设计:末末美书
版式设计:梁秋晨
内文排版:麦莫瑞
出　　版:湖南文艺出版社
　　　　　(长沙市雨花区东二环一段 508 号　邮编:410014)
网　　址:www.hnwy.net
印　　刷:三河市天润建兴印务有限公司
经　　销:新华书店
开　　本:680 mm × 955 mm　1/16
字　　数:252 千字
印　　张:17
版　　次:2023 年 2 月第 1 版
印　　次:2023 年 2 月第 1 次印刷
书　　号:ISBN 978-7-5726-0977-0
定　　价:58.00 元

若有质量问题,请致电质量监督电话:010-59096394
团购电话:010-59320018

CONTENTS 目录

第 一 辑
颠覆思维

002　决定你一生的不是努力，而是选择
010　太乖的孩子没有未来
017　知道那么多道理，为何你还过不好？
025　你只是看起来很聪明
033　社会固化，底层还有机会逆袭吗？
041　你读了那么多鸡汤，也该变蠢了
049　可以家贫，不可以心穷
055　哪些知识会让你变蠢？
063　思考质量决定人生成败
071　怎样才算是个聪明人？
079　高手都是饥饿思维
084　人生赢家，都懂这七种顶级思维

第 二 辑

高效做事

090　如何避免无用功?

098　强大的学习能力从何而来?

106　如何掌握高水准的判断力?

114　如何避免愚蠢的勤奋?

122　你最重要的能力是什么?

129　小人物做成大事的五个办法

134　领导想要提拔你,看的从来不是努力

140　《论持久战》:如何战胜比你强的人

145　厚脸皮人士攻略

151　用这个办法,善良老实人从此扬眉吐气,
　　　不再被人欺负

157　你不必为了讨好谁而过此生

163　你怎么能穷得心安理得?

第 三 辑

洞悉人性

- 170　如何成为一个受欢迎的人?
- 177　哪种类型的人最不受欢迎?
- 185　无视常识的人,终将被自己蠢哭
- 193　决不能让蠢货主宰我们的命运
- 200　别人是如何控制我们的?
- 208　讲理你就输了
- 215　凭什么你伤害我,我还要感激你?
- 223　别让伤害你的人,决定你的价值
- 230　谁的人生不委屈?
- 237　输不起,你就死定了
- 244　世间唯一的公正
- 252　凡是让你爽的,多半是坑你的
- 261　这个世界,根本就没有公平可言

人生心法：找回你的确定性和安全感

第 一 辑

颠覆思维

决定你一生的不是努力，
而是选择

/ 01 /

有一次，我参加论坛，听了一场高智力的报告，忽然想到了一个问题：

现在给你个机会，让你穿越回1996年。那时候有个叫马云的业务员，前一年刚创建中国黄页[1]，挎着挎包扫楼跑业务，可是他的业务拉得并不顺利，人家很客气地但冰冷地拒绝了他……

现在给你这个机会，让你穿越回去，遇到正蹲在马路边满脸苦闷的马云，你打算踹他几脚？

啥玩意儿？你肯定会失声尖叫起来：你是说20多年前的马云吗？如果我那时遇到了他，铁定天天请他吃大餐，西湖醋鱼生爆鳝，麻辣龙虾水晶鸭。我要让他一天24小时吃个不重样，让他哭着抱着我说：哥，这世上只

1.中国第一家真正意义上的商业网站，创建于1995年5月。——编者注

有你懂我。这样，我就会成为最拉风的中国合伙人，搭上马云这班春天的地铁，驶往快乐的土豪之乡。

你多半会这么说，或这么想。

但，现实中确实会有人，如果在那个时候邂逅了马云，非但不会请他吃大餐，还会照他屁股猛踹一脚。

即使你不这样做，也不能保证别人的想法和你一样。

/ 02 /

还有一次，我参加团建宝主办的中国团建产业峰会，多名优秀人士登台发言，让我印象最深刻的是丰厚资本创始人杨守彬先生——他同时也是黑马会[1]副会长、黑马投资学院院长——的讲话。

满满的干货。

简述杨先生讲话的大致内容：

企业大致可分为三类，第一类企业是规规矩矩做生意的。这类企业遵循的是牛顿运动定律，本本分分、老老实实，做到最大也不过是10亿美元的规模。这类企业的特点是可以判断，可以准确预期，充满了确定性。

第二类企业是做平台的。平台的概念就大了，比如滴滴打车（现更名为滴滴出行），这类企业日收入几亿元不嫌多，做到顶头，100亿美元的规模不在话下。这类企业的特点是既稳健又充满了机会，属于"双基因企业"，是投资的最佳选择。

第三类企业则是做生态的。杨先生说，目前中国只有两家企业是标准的生态企业，即腾讯和阿里，另有几家正在加入这个生态俱乐部。生态型企业掌控着时代的发展，做到千亿美元级别，亦属常理。

为了解释前两类企业的区别，杨先生特意举了一家在美国上市的IT

1.创业者互助团体。——编者注

（信息技术）公司的例子。这家公司上市时，是一家平台企业，股价直线飙升。但好景不长，手机时代来临，多数手机商是封闭的，这家企业掺和不进去，悲哀地从平台型企业沦落为一个简单工具，导致股价骤降。于是，这家企业宣称要做手机，渴望找回平台时代的荣光。

投资者要投资的，是第二类和第三类的特点兼具的企业，既遵循牛顿运动定律的稳步增长法则，又充满量子力学般不确定的机会。

听了杨先生的报告，我第一时间想到了马云，想到了是什么类型的人，才会打造出这三种不同款式的企业。

杨先生在当晚的另一个讲座上谈到这个问题。

/ 03 /

杨先生是在一个面向投资人、创业者的在线讲座——"黑马晚八点"上做的他的第二篇报告——投资五大秘籍。主要是讲述他的投资生涯。

杨先生列举了五种类型的创始人：

第一种是仰望星空型，这类人有比较清晰的使命和愿景，带着信仰创业，他们是有梦想的人，有情怀的人。

第二种是脚踏实地型，这类人没那么多情怀废话，就是一心扑在产品、服务上，牙咬手撕，一点点地打造精品。

第三种是青黄不接型，就是忽悠，忽悠来忽悠去，就死掉了。

第四种是生意型，没什么前瞻性，也没什么创意，憨头闷脑地叠加生意总量。

第五种是极客型，这类人属于技术狂热爱好者，不知道用户是什么，也不知道市场是什么，只是关起门来自家疯嗨（high）。

最受追捧的是第一种和第二种的组合，不乏情怀又脚踏实地，称为"雌雄同体"，大概是能够自我繁殖，具有生动创造力的意思。

现在我们的问题是，设若杨先生所说的"雌雄同体"的怪物就在你身边，你能够辨认出他吗？

又或者，你能够认出身边的马云吗？

/ 04 /

其实，我们每个人都是投资者。

人类是群居物种，年轻时投下自己的一生，在周边寻找事业及婚姻伙伴。是这个选择决定了你的一生，而不是你的努力。

设若你在20年前看到满脸落寞、被扫地出门的业务员马云，你是否有于茫茫人海中辨认出他的能力？

现在也一样，你选择的朋友，选择的伴侣，他们或将与你一生同行。如果你选择了马云这种类型的爱侣或朋友，又或是选择了杨先生所说的"雌雄同体"、具有强大创造力与事业心的同行者，这当然是你独具慧眼。

但问题是，你的心智是否成熟到了愿意接受这种人生的程度？

/ 05 /

一个小县城的朋友，曾给我讲过这样一件事：

她在北京认识一个老乡，一家私企的董事长，低调而沉稳，堪称一方之豪。这位老总，是在妻子主动离婚后闯京城打天下的。

在小县城，我朋友偶遇老总前妻，闲聊时感觉到，她丝毫不知道前夫在北京的事业摊子有多大，谈起他时满脸鄙夷。我朋友就问她：当初你为何要离婚呢？

她撇了撇嘴：太能装，受不了……然后叽里呱啦，说了对方一大堆毛病。

我朋友说，她听着对方絮叨，心里却纳闷，对方控诉的，其实是前夫性情温和、礼貌周到，但在对方眼里，这一切太虚伪，不如像她这样粗放更爽快。

我朋友绕着弯说：听人说，他在北京干得不错……

吹牛吧。对方撇撇嘴：反正吹牛也不上税。哼，也不说撒泡尿照照自己，你有这个好命吗？

我朋友说，这个女人找了个万里挑一的好男人，温柔体贴又富事业心，睿智自尊又有责任感，她却嫌弃丈夫，说丈夫是"夜用加长卫生巾"——特惠（会）装。离异后，她又找了个粗鲁男人，动不动就揍她一顿，但她乐在其中，甘之如饴，感觉这才是真实的生活。

/ 06 /

有一次在粤西，我坐一个老板的车，经过一座小城。老板绕城而过，说：这里住着一个人，他伤了我，我发誓这辈子不和他头顶一块天。

老板最初的事业就是从这座小城开始的，和一个朋友住在出租屋中，每天畅谈事业理想，一谈就是大半夜。越谈越热血沸腾，就决计干起来。

可万万没想到，到了老板拉摊子的那天，说好的合伙人却失踪了。老板一个人应付不来，搞得狼狈不堪，一败涂地。

惊诧的老板到处找他的合作伙伴，找了大半个月，才见伙伴带着一个女孩满脸喜气地回来。原来这厮拐了个女孩，旅游去了。

老板愤愤地说：其实，他是故意的，他知道我们当时肯定能做起来，但是他的能力和干劲比我差得远了。所以，他不希望我起来。他让我付出更多的努力，晚了两年才有起色。从那以后，我们就再也不联系，不来往。我发过誓，这辈子，绝不再踏近他身边半步。

我听了以后，倒没什么感觉——我身边的许多朋友，都曾遇到类似的事情。于是，我充满期望地问老板：他现在怎么样？

不清楚，去年听人说，还在替人家看仓库。

老板假装不在意地说，实则有点阴暗的小窃喜。

/ 07 /

在深圳时，还听说过一件旧事。早年一个大佬，经商之初遇到骗子，现场还有大佬的一个老友。老友认识骗子，知悉根底，情面上应该提醒一声的，可是老友一声不吭，坐视大佬被人家骗惨。

那次骗局，差点让大佬万劫不复——此后，大佬不齿于老友的为人，双方再无往来。

我要说的是，**人生发展，充满了不确定性。决定人生最终选择的，是积淀于潜意识深处的牢固的人生观**。这世上不乏回头浪子，更不缺贞女夜奔。任何把人用类型固化的做法，都是蠢不可及的。

但，就概率而言，就人生价值取向而言，对人的分类，仍不失统计学上的意义。

正如投资者在寻找开拓型创业者，我们每个人也是依据自己的价值取向，在人生中选择对自己脾胃的友人、伴侣。

过程中，我们会不由自主地将人划门归类。

/ 08 /

并不是每个大佬生下来脑壳上就贴着"大富豪"三个字，但在我们人生成长过程中，从青涩少年进入成熟期后，每个人的价值取向确有差异。

有些人始终是热血飞扬的理想主义者，他们会倾注一生追寻一个遥不可及的目标，意志坚韧、百折不挠。这类人必然会做点什么，是杨先生所说的仰望星空型。

第二种人富责任意识，踏实苦干，如一头憨闷的牛，默默地耕耘自家的二亩自留地。这是杨先生说的脚踏实地型。

第三种人就有点长歪了，舍不得花力气付出，陷入自己智商高的错觉中，满大街忽悠人——他们与情怀型人士的区别是，其商业前景是极端可疑的，但这只有富有商业经验的人才足够研判。

第四种人看起来好像第二种人，但他们更保守，更缺乏事业心。这些人的普遍特点是其能力有待提升。

最后一种是低情商的人。比如，美国早年有个菲奇先生，他是世界上第一个发明蒸汽轮船的人。可是他的情商不够，那么富有前瞻性的项目，他竟然硬是拉不到融资，最后血本搏尽，愤而投水自杀了。而另一个人，画家富尔敦，却是八面玲珑。他去英国学绘画，认识了瓦特，又把蒸汽轮船重新发明了一遍。结果现在的历史书上白纸黑字地写着，汽船的发明人是高情商的富尔敦——总之，你情商不够高，历史根本不承认你。

这五种价值取向的类型，第一种是创造型或开拓型，第二种是稳健型，第四种是追随型，第三种需要提升智商，第五种需要提升情商——后两者，也包括了智商、情商都需要提升的人士。

我说过了，这个分类只在统计学上才有意义——但它恰好可以用来指引人生。比如你渴望与第一种类型的人士为友，那么你就会欣赏这类人，认识三个五个，慢慢观察，发现其中有几个不靠谱，貌似是开拓型，实际是忽悠型，而另外几个原本认为不靠谱的，却越看越靠谱。就这样去伪存真、去粗取精，最终，你就会成为这类人士的同行者或友人。

是你的选择，决定了你事业圈的质量，而不是你的努力。

/ 09 /

如果你嘴上说想跟随20多年前的马云，渴望搭上他的班车，吃到肚皮暴鼓，但内心并不信奉开拓型的价值人生，那么纵然给你机会，让你穿越回20多年前,看到满脸疲惫的马云,你也会冲过去狠踹他一脚,怒骂一声:装什么大瓣蒜?你不装会死呀?

尺有所短,人各有志。假如这世上只有一种价值观,只有一种人生,那才是**最恐怖的事**。有些人坚信"未经审视的人生不值得过",有些人则认为喝二两小酒,穿着拖鞋、露着肚皮靠在家门口的躺椅上看美女,才是真正的幸福人生。

不同的人生,并没有高低之分。你做出选择,就得到眼下的结果。

某种程度上,坦然接受自己选择的人生是理性的——但如果,你厌憎开拓型人士,却渴望搭乘人家便利的快车,这也是人之常情,无可厚非。而如果你在这类朋友开拓时过桥抽梯,那就需要更多的耐心,等待自我和现实的改观。

不是一家人,不进一家门。不是志趣相投,终究难为友。**你的人生,取决于你的选择。**如果不满意现状,那就必须审视自我的人生观。努力让自己成为所希望的人,才会做出更理想的选择。

太乖的孩子没有未来

/ 01 /

先说个故事吧。故事不长，但时间跨度大。

有家省级医院的女院长生了一对龙凤胎，女孩叫囡囡，男孩叫胖胖。

囡囡和胖胖，漂亮又可爱，羡慕死了不知多少人。

囡囡和胖胖长大了，性格完全不一样。囡囡胆大，胖胖胆小。囡囡好动，胖胖喜静。囡囡爱说话，嘴巴甜得哄死人不偿命；胖胖嘴笨，老实巴交，见人就脸红。

中学时，两个孩子的性格反差更加明显。

囡囡的胆子越来越大，逃学、抽烟、喝酒，根本没个女孩样，用她亲妈的说法是"义无反顾地奔着邪道冲下去"。

胖胖胆子更小了，他喜欢躲在屋里，一个人写毛笔字。

当时女院长一看，这俩孩子走两岔去了。胖胖还好，囡囡再这样下去，非出事不可，必须把囡囡送走，让她脱离原来的环境，以免被坏人带坏。

女院长就把囡囡送到了农村的老家。

送走囡囡，恰好市书法协会的秘书长家人患病了，医院病床紧缺，秘书长来找女院长帮忙。女院长就请秘书长给胖胖介绍个书法老师，很容易的事，胖胖就天天去老师那里，闷头不响地练书法。

/ 02 /

几年过去，中学还没毕业的胖胖学有所成，成为当地非常有名的"书法天才"。他的作品，堪称一字难求，有市无价。

女院长长松了口气。胖胖的问题，这就算解决了。少年书法家，写的字又走俏，将来成家立业，不成问题。

倒是囡囡，送到乡下许久，也该让她回来参加高考了。

囡囡被接回来，参加高考。她只参加了一场考试，就不肯去了。她说：哪个王八蛋出的考试题？难死爹了……

女院长气得要吐血，厉声道：女孩子自称"爹"，也不知道害臊！知道不，现在你弟弟的一幅字，值好几万！

囡囡说：少来，你马上要退休了，还不快点把我安排进医院，当个护士长什么的，我这人要求也不高。

呸！女院长说：凭你这熊色，能当得了护士长？你最多当个打扫垃圾的清洁工。

囡囡说：清洁工就清洁工，爹也一样干。

你，你，你……女院长气愤之下，真的把囡囡安排进医院，做了一名清洁工。

这么做，其实只是赌气，教训一下不成材的女儿。但没想到的是，当月医院出了一起医疗事故，女院长不堪宦海风波，被迫提前退休了。

囡囡这个清洁工，就不太有希望转岗了。

/ 03 /

女院长退休之后，又连病两场，这么一折腾，很快就人走茶凉，在医院里的影响力基本上就不存在了。

囡囡终于意识到了危机，她有可能这辈子都要扫垃圾了。

怎么办呢？囡囡开始动心思。

她发现，不管多大的官，不管有多少钱，一旦到了医院，就全都束手无策了。医院里最紧缺的资源就是那几个医学专家，只要能让这几位专家主刀或是诊治，患者是不惜代价的。而那几位专家都是看着她长大的，小时候最喜欢抱她。虽然她现在成了清洁工，但专家们还是很喜欢她。

这就好办了。

囡囡留了心，遇到求诊无门的患者，她就走过去，跟对方聊几句，摸摸对方的底。对方听说她有门路，可以找到专家看，顿时充满希望。

囡囡带着患者去找专家，第一时间就得到了诊治。

来找囡囡求帮忙的人越来越多，许多都是腰缠万贯的大老板。囡囡人长得漂亮，又会说话，还帮得了对方的忙，很快就成了当地的人物。

她虽然还是个清洁工，但已经在外边开了几家药店，她在医院的影响力也与日俱增。新来的年轻专家，遇事还得求她帮忙。就这样，囡囡成了隐形的院长，有几次，连院长都摆不平的事，囡囡一句话，风吹云散。

对中国民众来说，医疗资源匮乏，百姓最痛苦的事情之一就是看病。囡囡这样的人，每个地方都有。这些人世故圆滑，成了这个时代的特殊阶层。

谁也不知囡囡赚了多少钱，但她买了幢小别墅，把母亲接到家里来住。

退休的女院长住进女儿的小别墅，顿时泪流满面。

帮帮你弟弟吧，她说，胖胖这孩子……这么不争气，可咋整呀？

/ 04 /

囡囡刚从乡下回来时，胖胖的一幅字已经能卖出几万元的价钱。但忽如一夜寒风来，胖胖的字不值钱了——卖不动了，白给都没人要。

这一夜，就是女院长退休的那一夜。

好多年过去了，胖胖依然无法接受现实，当初别人不惜花数万元抢他一幅字，并非因为他的字好，而是因为他妈妈是医院院长。当初他被誉为"天才书法家"，并非实至名归，只是那些人希望自己能够在医院里得到一个床位。既然他妈妈已经退休了，大家又不神经，谁还会花几万元买张鬼画符？

书法协会的种种活动，再也没人通知胖胖参加了，那个挂名的秘书长，就在他母亲退休的当月被选掉了。

胖胖还是那个性子。没人来买他的字，他就赌气在家里等，他就不信自己一无是处，不信买他字的人都是冲着他妈妈来的。

他等，坐在家里等，等那个慧眼识真金的人。这一等就是好几年，坐吃山空，一文收入也没有。

他的性子更孤僻了，已经没法跟人交流、沟通了。

他心中有气、有火，又只能憋着，憋得脸孔扭曲，百病丛生。

他的字越写越糟，当初的老师已经不肯承认他是自己的弟子。写字练的是气，需要心平气和。胖胖心里苦，可是他没法说，这导致他原本就不精湛的书法功力一天不如一天。

/ 05 /

到了朋友给我讲这个故事的时候，老实巴交的胖胖已经被送去看心理医生，而囡囡却每天开着华丽的跑车，衣饰华贵地在酒楼和各路人马喝茶。

这姐弟俩的际遇，与所有人的预判完全相反。

大家都以为囡囡这孩子完了，挺漂亮的一个小丫头，不走正道——她也确实没走正道，但并未如旁观者所判断的那样，这一生就此毁弃。

相反，大家都看好的胖胖，却成了个悲剧。

讲这个故事的朋友说：你看啊，囡囡轻浮油滑，胖胖稳重实在，可最后他们的情况怎么会这样？

我的回答是：这样就对了。

囡囡和胖胖这两种类型的孩子，在我们的生活中处处可见。

胖胖是"乖孩子"，听话、老实、胆小、怕事，从不给别人添麻烦。谁的家里有个"胖胖"，爹妈老省心了。

唯一的麻烦是，这类乖孩子往往是现实中的失败者。

反倒是囡囡这类孩子，长大后适应能力极强。

为什么"乖孩子"会沦为失败者呢？**这是因为社会比拼的，并非乖的能力，而是合作的能力。**

/ 06 /

许多乖孩子之所以乖，并非他们聪明懂事，而是他们或胆小，或自闭，不善与人交往。

古老的教育中，是不嘉许这类乖孩子的，老式教育讲究的是"世事洞明皆学问，人情练达即文章"——这也是儒家思想的精华。

但新式教育视此观念为糟粕，为犬儒主义，要求孩子不要理会什么世事人情。但到底该理会些什么，新式教育语焉不详，最后的结果就是要求孩子乖、听话、别给大人添麻烦，最好当自己完全不存在，这就over（完）了。

胖胖就是这样一个产品，他实际上有严重的心理自闭，但由于他从不给大人添麻烦，所以被视为好孩子。

兼以他喜欢练字，这就是有追求、有努力的方向——这进一步让他变得孤芳自赏，离群索居。而当人们因为他母亲的地位而高价索购他的字时，所有这一切都被掩盖了。

只有当潮水退下，才知道谁没有穿短裤——只有当女院长失去影响力时，胖胖真实的社会价值才体现出来。

他的字并非惨不忍睹，但还不具有真正的市场价值。不具有市场价值的字，不见得就一定卖不动，但这需要更多的能力。

比如囡囡那种能力——人际交往的能力。

而这，恰恰是胖胖这种类型的乖孩子所不具备的。他们只懂得乖。

/ 07 /

世事洞明，到底是学问还是糟粕？

人情练达，究竟是垃圾还是文章？

先说个故事：乾隆五十二年（1787年）时，一个美国人菲奇发明了蒸汽船。这是人类历史上第一艘蒸汽船，为了制造这艘船，发明家菲奇倾家荡产，负债累累。他欠下的债，几辈子也还不起。

还不起也不怕，菲奇对自己的发明有着超强的信心。蒸汽轮船与木制的帆船相比，先进了不知多少倍，这事就连瞎子都看得明白。

但是，万万没想到的是，菲奇的蒸汽船在运河上跑了几个月后，美国人民全都"瞎"了，什么投资商、资本家之类的，一点掏钱参股的意思都没有。最后菲奇被逼得走投无路，扑通一声，投河自杀了。

菲奇死了就死了，美国人民没感觉——恰好就在这一年，美国有个画家富尔敦，去英国学习绘画。这家伙到了英国之后，扔掉了画笔颜料，跟发明家瓦特等人混在一起，又把蒸汽轮船发明了一次。

相比首位发明家菲奇，富尔敦这厮最擅长拉关系、套交情，他轻易地为自己的发明拉来了赞助，终于把蒸汽船的应用推广开来。

到现在，历史课本上白纸黑字地写着：蒸汽船的发明者是富尔敦。

不擅长人际交往的菲奇，历史课本上全当他不存在。

你不懂人情世故，连课本都不承认你——你说人情世故是不是糟粕？

/ 08 /

人际交往能力，说白了就是与人合作的能力。

一个人在这世界上单打独拼，是玩不出名堂来的。你本事再大，大得过菲奇吗？连他都投河自尽了，你要是能力还不如他，就一定要学会与人合作。

要与人合作，**第一，必须认可他人的价值**。只有认可他人，才能正确评估自己。胖胖和母亲合作，一幅字能卖到几万元；自己独拼，字就一钱不值了。这是一个典型的例证。

第二，必须学会体谅别人的心理。你理性别人未必理性，你明智别人未必明智，只有体谅对方的心情，才能让合作者打开心结，让你的价值最大限度地发挥出来。

第三，要学会操控自我和他人的情绪。人类是非常聪明的，但又是极端情绪化的。一念为佛，一念为魔，既要让对方无怨无悔地付出，又要避免对方的负面情绪发作。这需要你用心体察，万不可以赌气任性。

第四，技巧性的语言是合作的根本——别人永远不知道你心里在想什么，但对你的语言特别敏感。说话时，要考虑人性自大的特点，要以对方为主体。比如说：我说明白了吗？这句话对方听起来就很舒服。而如果说：你听懂了没有？对方就不喜欢听。不喜欢，就会闹情绪。不要激起无谓的情绪，这就要求我们从各个细节上完善自我。

第五，与人合作，说到底是与人性合作。人性变幻莫测，但本质永恒不变，总是力图表现聪明。给别人以表现聪明的机会，才有可能为自己赢得获利空间。你永远也不知道自己的下一个机会在哪里，保持低调，保持隐忍，保持微笑，保持谦和，才会在别人的心中为你自己赢得空间。

人类是群居物种，而群居就意味着让步，在保持自我的同时容纳别人，是古来所有智者的告诫。任何时候，你克服不了自我人性的缺陷，就意味着机会的流失。

最后我要说的是，社会不是幼儿园，乖或听话绝不应该成为衡量孩子的标准。**成年人的适应要求是，你愿意接受别人，也能够让别人接受你。**

这才是最重要的。

知道那么多道理，
为何你还过不好？

/ 01 /

韩寒导演了一部电影《后会无期》，影片中有个女孩，叫苏米。

苏米善良又聪明，是个温柔型女孩。不幸的是，苏米这么温婉的女孩，却被一伙疑似犯罪团伙的人控制着，这伙人利用她来设仙人套，坑害别人，当然也严重伤害了她本人。

于是在影片中，苏米就有了她的一句经典台词：从小听了很多大道理，可依旧过不好我的生活。

这句台词一出来，立即就火了。许多人感觉到，这句话深刻地折射出自己的内心。

为什么呢？知道那么多道理，还是过不好自己的人生，这到底是为什么？

/ 02 /

先来看个公式：$E=mc^2$。

这个公式，很少有人不知道——爱因斯坦质能方程。原子弹这类大杀器，就是因为有这么个公式，才能被制造出来。

无人不知，无人不晓，知名度爆表的一个公式。

除此之外，我们还知道些什么呢？

我们都知道爱因斯坦质能方程，可是国家的高科技人才那么稀缺，怎么没听说让咱们过去帮衬一下？

这道理，我们都明白——我们就是看到书本上有这么个公式，可前因后果、由来原理，大家却是一脸懵懂。所以，我们从不敢声称自己是核物理专家，不敢抱怨国家不请咱去原子物理实验室嗨皮（happy）。

从没有谁这样说过：我们知道那么多数学公式、物理公式、化学方程式，为什么仍成不了数学家、物理学家或化学家？

为什么？

/ 03 /

每年，有许多孩子高考落榜。可是他们之中，没有一个这样说：我知道所有的中学数学公式，为什么做不好数学题？

大家不这样说，是因为心里清楚，知道公式距离掌握做题方法还有千里之遥。如果有谁认为自己瞄了一眼数学公式，就能与数学家相提并论，那么连他自己都会认为自己脑壳进水了。

你看，这事就是这么有意思。再笨的人，都知道数学公式只是精简的数学原理，却似乎不明白，人世间的道理，无一不是从现实中抽象出来的人生公式。

重复一遍：人世间的道理，无一不是从现实中抽象出来的人生公式，

莫不是听着简单、看着明白，其实繁杂至极，于现实生活中的应用，远比解开一道抽象的数学题更难。

哪怕再牛气的学霸，也知道数学家、物理学家、化学家对自己来说还遥不可及。

但，仅凭听人说起几个人生道理的公式，就认为自己是人生大师，为自己过不好一生而困惑诧异，这岂不是怪异至极？

/ 04 /

有所中学，临近高考，为了鼓舞学生的士气，请来了当地往年的高考状元，给大家传经送宝。

状元说：去年高考前，我每天只做一道数学题。

啊！同学们惊呆了。

老师也激动起来，急忙上前，大声道：同学们，注意听，你们的春天来了！

状元继续道：后来，我妈妈狠狠地揍了我一顿，逼我每天做100道数学题……

唉！同学们顿时蔫了。

不说少数极聪明颖悟的孩子，对资质平常的孩子来说，高考这种事，比拼的就是娴熟程度。尤其是数学，那更是一把鼻涕一把泪，一分汗水一分收获，在整个数学思想于孩子的脑子里自成体系之前，几乎每所学校都用的是题海战术。这战术虽然蠢笨，但总归聊胜于无。

从未有人问过：你数学公式记得那么熟，为何仍做不好数学题？

大多数公式或是方程式，简洁而优美，其中的数学原理却深奥而繁复。

这是常识。重复一遍，这是常识。

重要的话说三遍——这是常识！

但常识问题放到人生中,原本挺明白的人就糊涂了。

/ 05 /

孔子门下,最优秀的弟子大概是子贡。

子贡,名叫端木赐,是春秋战国时期的四大土豪之一,长袖善舞,巧舌善贾。他所到之处,凭着一副伶牙俐齿,能说到顽石点头,江河倒转。无论是国君、大夫还是臣民,莫不是望他的唇舌而膜拜。

没这本事,也不敢说自己是圣人门下第一弟子。

孔子周游列国时,走累了停下来休息,放开拉车的马,让马自己吃草。可那马低头啃着啃着,啃到了农夫的田地里,把农夫的庄稼给啃了。农夫大怒,扣留了孔子的马。

见此情景,子贡大喜,终于轮到咱露一手了!就摇摇摆摆过去,把孔子日常的教导,什么《诗》啊《书》啊《易》啊,"硕鼠硕鼠""窈窕淑女""桃之夭夭"什么的,一股脑地抛了出来。那农夫听得直翻白眼,吼一声:滚!少在老子面前说鸟语,回家让你妈给你洗洗嘴,学会说人话再出来混!

一副俐齿倾天下、舌辩才华动公卿的子贡,就这样碰了一鼻子灰,茫然失措地回来。

孔子见状,哈哈大笑,说:子贡呀,你用老师教给你的《诗经》跟一个农夫说话,这就好比对着山禽吹奏交响乐,请走兽来吃麻辣烫,你有多缺心眼?让马夫过去一趟,子贡你跟在后面学着点。

于是,孔子的马夫过去,一见农夫,上前大大咧咧地说道:咋的,马吃了你的庄稼?这还叫个事吗?马是牲口,见庄稼不啃几口还算什么牲口?你跟头牲口较劲,这有意思吗?

农夫听了,哈哈一笑,说:你说得好有道理,我竟无言以对,那你就把马牵回去吧。

这件事，让子贡很受伤。

但是他从未说过，我懂这么多道理，舌辩天下无双，却要不回来一匹马。

相反，通过这件事，子贡又学到一个更朴素的道理：进山问樵子，入水问渔夫。到什么山唱什么歌，见什么人，你得说什么话。

人世间的道理，也和数学公式一样。能应用，会解题，才算是真的掌握了——已经说过不止一遍。学数学时，大家的脑子都是明白的，等回到现实中，就又糊涂了，居然以为耳闻过一个或几个道理，就能够通关人生。这要什么样的脑子，才会有这种离奇的想法？

/ 06 /

子曾经曰过：学而时习之，不亦说乎？

这句话人人都知道。

可这句话到底是什么意思？真正能说清楚的，百不及一。

许多人一生中听过许多道理，就如同一个学生，在课堂上见多了公式，但这句话才是最重要的公式，最重要的道理。

阳明先生说：知行合一。

"知"，不是你听人说起过就是知。你听人说起的数学公式、物理公式和化学方程式多了，你知道是它们是怎么回事吗？只是听说不行，必须明了其中的原理，必须能够娴熟地应用。

"行"，就是孔子说的"学而时习之"的"习"，就是实践。

学习，学习，是边学边习、边学边实践的意思。

按照这个"学习"的标准定义，这世界上，诸多手拿书本之人，有几人是真正在学习的？

你听人说起过那么多道理，但你不过是课堂上走神、溜号的学渣。无论这些道理多有价值，都和你的人生没有关系。

你过不好自己的人生，那是因为你没有实践！

只有学而没有习，只有知而没有行，只听人说道理，却没有丝毫的实践，这就如同在数学课上，两眼直瞪瞪地盯着公式，却不肯做题。这样的人生，你凭什么交出好的答卷？又凭什么想要高分？

/ 07 /

只有学是不够的，还必须知行合一，还必须在生活中践行。 只有做到这一点，这些道理才算是你的，才能够对你的人生有帮助。

没有实践过的道理，都是别人的，跟你毫无关系，就好比学渣在一边看学霸做再多的习题，自己的成绩也不会提升一分。许多人在课堂上是学霸，出了课堂进入人生，却莫名其妙地混成了学渣。

《后会无期》这部影片中，温婉的苏米渴望摆脱犯罪团伙的控制，但她下不了决心，那些人已经改变了她的人生，尽管这样的人生是个错误，是个悲剧，她仍然难以决断。

苏米，就这样沦为人生的学渣，与拯救她的力量凶猛地对抗，却在蹂躏她的势力面前，小绵羊一样乖巧顺服。

正如许多人的人生，他们明明知道自己并没有践行真正有价值的道理，却欺骗自己，硬说自己懂得了道理，目的只是堵住别人的嘴，不想从沉沦的恶习中挣脱出来。

这又是什么原因呢？

/ 08 /

有部美国大片，《盗梦空间》。

影片讲述的是一个关于梦境的故事。主人公柯布，陷在一个物理法则和心理逻辑与现实完全一致的梦境中。他在梦中是一个盗梦者，组织团队潜入别人的梦中，盗走别人的梦。

柯布的妻子召唤他醒来，可是他坚决拒绝。他坚信，他所在的梦境就是真正的现实。

在柯布以为是现实的梦境中，他接受了一项奇特的任务，潜入一家实业集团首脑的梦境中，给对方植入一个观念，让他自行摧毁自己的商业帝国。这个观念，还必须是建设性的，以免对方察觉并对抗。

梦境中，柯布率团队潜入对手潜意识的四重梦境，引导着对手打开一只保险箱，取出对手孩提时爱玩的一只纸风车。

对手顿时泪流满面。他要自己的人生，要尽情地去玩、去快乐，他才不要什么狗屁商业帝国，让商业帝国去死吧，他只要做回真正的自己。

做真正的自己！

这有错吗？

只有看过电影的观众才知道，他所谓的"真正的自己"，不过是被侵入者恶意移植的一个观念。他的真实意愿是什么，不得而知。但我们都知道，如果他沿循着这个念想前行，就会异常固执而倔强，而当他达到这个目标后，又会陷入空茫、迷惘的状态中。因为这根本不是他的真实意愿，他只是被外来的意念操纵，迷失了自我而已。

所有被植入这种奇异念想的人，就会如影片中的主人公柯布一样，顽固倔强地追寻一个不切实际的幻影，陷入悲哀而绝望的人生中。

许多人也是这样，当他们拒绝实践于己身有价值的道理，口不由心地说"道理我全都知道"时，他们已经迷失了。

/ 09 /

人虽然不是万物之灵，但每个人来到这世界上，都是独一无二的，都是有其独特价值的。这价值是什么？取决于每个人的奋斗与寻找。

人生的价值，取决于你有价值的生命实践，取决于你有意义的生活。

但许多人，活在一种悲凉的无意义的状态中。

这种价值的丧失，就是人生的迷误。

衡量一个人是否迷误，原则很简单，就看他是否认同自己的人生价值。

如果他选择了无价值的人生，却固执地说什么道理我全懂，我们就知道，这个人已经失去了他自己。

明明没有实践的道理，却胡说自己懂，这只是随意找个借口罢了。

迷误的人生，必然是没有目标、没有进取心、没有动力、没有乐趣的。

必然的人生，实在是生之无味。

生之无味倒也罢了，关键是那很痛苦，总是感到压力重重。试想，你过着不属于自己的人生，不在自己应该在的位置上，岂会没有压力？

有乐趣的人生，必定是真正为自己而活，是真正的学而时习，是必然的知行合一。这类人会永远充满好奇心、求知心。他们知道，没有被实践的道理是没有价值的，**而人生的乐趣，就在于在生活中践行那些能够带来无限动感，让人生时时散发出光与热的简单道理。**

就是做个人生的学霸，娴熟地练习你人生的课题。

这个过程，从承认你不懂开始。

你只是看起来很聪明

/ 01 /

曾给大家留过一道题，让我们抛开正常的道德评判标准想一想：此前30年，在哪个领域，创新意识最强烈，创新力量最强？

说的是创新。

解答这道题，需要的只是一点点逻辑力量。先要问问自己：促动一个人创新的最强势的力量是什么？

是生命中熊熊燃烧的使命感吗？可能有这个因素，但，从经济学的角度上考量，**最能促动一个人原始动力的，始终是最低成本与最高获得的性价比。**

付出一点点，捞到盆钵满。

有了这个前提，我们就可以讲几个好玩的故事啦。

/ 02 /

几年前，书画市场一夜之间走俏。

许多朋友捂住瘪瘪的钱袋，光着脚板杀入这个市场，寄万一的希望寻找捡漏的机会，以期获得扭转命运的契机。

不止一两条这样的消息，在电视里连轴播出：某位书画"发烧友"逛展览时，看到一幅仿名家的习作，标价只有几千元，他虽然知道不是真迹，但心里喜欢，还是斥资买下。

喜欢才会任性，没有道理好讲。

买回家，请几个专业人士品鉴一下，只见专业人士的小眯眯眼霎时间鼓成牛眼：不得了，这绝非仿作，而是一幅真品！

本以为买回来一幅伪作，不料竟是真品。真品出手，卖个几十万、几百万甚至上千万，寻常事耳。这就叫捡漏。

这样的消息多了，底层人士仿佛看到了人生的希望。于是，大家纷纷赤脚杀入书画市场，渴望能碰到这样一个机会。

但是，他们碰不到，永远碰不到。他们不知道，在有些捡漏新闻之后，或有一番尖端水准的智力运作。

/ 03 /

讲个故事——重复一遍，只是讲个故事。

一名商人于私密场合见到一位掌控资源的人物，请求道：能不能帮咱点忙，让咱拿到某个项目……

资源掌控者失笑：我不白白帮人家的忙。

商人大喜：这是张银行卡，卡上有……

资源掌控者：抱歉，我不收人家的钱。

商人：……呃？

资源掌控者：我是一个有洁癖的人，最厌恶名利场上的肮脏交易。我追求的是精神世界的心灵享受，钟情于山水书画，你懂吗？

商人：……呃，我懂了。

于是，商人四方求索，花重金买来一幅正对资源掌控者脾胃的名家画作，再搞了个书画展览，把这幅画作打上仿作的标签，开出个低低的售价，然后请对方来观看——这幅名画，只卖给资源掌控者，如果有其他人想买，抱歉，就说已经售出了……

资源掌控者来了，花一点点小钱，买下这幅画作，回去找几个专家，确证实际上是一幅真迹。

消息传开，人人羡慕这位幸运的书画爱好者。而资源掌控者大模大样地将名画托付给拍卖行，再由商人斥巨资购回。于是，一大票钱就这样于公众的眼皮下合情合理地转移了——你不能因为人家有个公务员身份，就不让人家喜欢名画，不让人家捡漏，不让人家割爱出让了，是吧？

一切就发生在公众的视线中。

这是不是创新？当然是，虽然它是一种见不得光的创新。

/ 04 /

有些人对地产商这个行业的印象不是太好，可能是地产商太有钱了吧。大家看到地产商不讲信用，遭到惩罚时，就会拍手称快。

比如说，有新闻报道，一家地产商把一幢标价300万元的公寓房出售给客户，先收了10万元订金——可万万没想到，奸诈的地产商在收了人家的订金后，又把房子转手卖给了另一家。

无耻啊！先交了订金的客户怒了，起诉到法院。

法院也被地产商的无耻惊到了，当即法槌一敲：地产商罔顾信义，不讲诚信，必须给予严惩。

地产商吓坏了，央求庭外和解，承诺予以双倍于原楼房价格的赔偿款，客户得到600万元，多少弥补了一点精神损失与心灵痛苦，这场官司于此告结。

这个消息让许多朋友拍手称快：好，好！早就该有个人出来，给这些奸诈的地产商一个教训了，让他们再敢把楼房价格抬这么高……

奔走称快的普罗大众真的不知道这个故事后面可能还有个故事。

/ 05 /

双倍赔偿金的故事发生之前，或有可能出现过这么个故事。地产商在一个私密场合见到一位资源掌控者，请求道：能不能把最抢手的那块地给咱呢？

资源掌控者：当然可以，给谁不是给，你说是不是？

地产商：对对对……

资源掌控者：可是你需要给我一个理由。

地产商：理由当然有，600万元如何？

资源掌控者：OK。

地产商：我立即拿钱给你……

资源掌控者：等等，我是个光明磊落之人，生平不欺暗室。男子汉大丈夫，话有不可对人说，事无不可当人做。你必须在大庭广众之下，以法律的名义，名正言顺地把钱给我。

地产商：呃，这样做好吗？

资源掌控者：君子爱财，取之以道。我厌憎幕后交易，爱护名誉一如爱护眼珠。

地产商：那这事……好吧。

于是，地产商秘密安排，先收10万元订金，把一幢楼房预售给对方的亲戚；而后，再将楼房卖给第二家。于是亲戚向法院起诉，指控地产商违约。法庭之上，地产商请求和解，承诺赔付双倍楼房价。于是，600万元的款项就在众人的关注下，在法律的严格要求下，顺顺利利地进入资源掌控者囊中。

这是不是创新？当然也是，虽然它是一种让老百姓气得跳脚的创新。

/ 06 /

创新这种事，更类似在一间黑屋子里捉一只黑猫。不要让自己沦为那只总被人戏弄的猫，徒然以爆表的道德感宣泄悲情与愤怒。

你要成为那个捉猫的人。要让自己成为一个真正有智慧的人，而不是看起来精明，实则蠢到夜夜痛哭的人。

这两个故事中，真正的黑猫在哪里？

在这个特定领域里，最低成本的付出与数额巨大的收益构成了空前的利益诱导。如果说创新也有性价比，再没有比这个领域的性价比更高的。在其他任何一个领域或行业，创新都意味着空前惨烈的付出，而且收益还不确定。

在这个领域里，最突出地呈现了什么叫创新，如何创新，创新的思维机制又是什么。

/ 07 /

这两个故事中的创新，当然是我们应该大力批判的，但作为反面教材，还是值得分析一番的——它们有着共同的思维模式。

第一，现实面前的绝对冷静，无情绪干扰。

此前新闻多次报道，入狱的公务人士在反思自我认知时，都说自己一时间的贪欲如原子弹般轰击着大脑，让他们丧失了基本智力。

沦为情绪的俘虏，智力就会陷入泥沼，不太靠谱了。

所以，人类是天生具有创新能力的物种，但情绪是智力的大敌。要想获得足够的智力支持，就必须克制情绪，保持头脑冷静。

第二，清除限制，无论这个限制是什么。

有些限制是千真万确的，但，更多时候，是人们自我思维的固化。

只要有丝毫的限制存在，思维就会受到抑制。摒弃限制，大脑才会进入敏锐的思维状态，才有可能进行下一步。

第三，克制情绪、取消限制后，再对问题进行重新定义，新的定义实际上就是要寻找的答案。

我们可以演绎一下前述当事人的思维是如何走过这三步的：

当他们看到钱时，眼睛一亮，脑子一热，然后迅速恢复冷静，于此完成第一步。

第二步，取消非经济学限制，单纯地将问题视为经济行为。

第三步，重新定义——请问，现实中，金钱有几种转移方式？

无非是两种：一是交易，二是赠送或赔付。

可以看到，第一个当事人采用了第一种方法，第二个当事人则采用了第二种方法——重点说明，如果有谁看到这篇文章也想学，那就死定了。因为现实环境中，这两个漏洞根本不存在。

所谓漏洞或是障碍，都只在你的脑子里。

上面这两个故事中的创新，显然是用在了歪路上，不值得提倡。现在，我们把这个思维方法转向正常人所在的领域。

/ 08 /

举个例子，测试一下创新思维的应用。

美国芝加哥的海德公园里分布着一些宅子，有个叫奥巴马的美国青年就居住在这里——很快，他就当上了总统，这事大家都知道。

话说奥巴马混成了总统，可把他的邻居老比尔乐晕了。

老比尔说：上帝啊，你果然没有抛弃俺，俺发财的日子到来了。俺要把房子卖掉,换成厚厚的美元,享受一下生活。

于是,老比尔专门建立了一个网站,开价300万美元,要卖掉自己的房子。

他在网站上热情地宣传:总统隔壁,超值享受,你值得拥有。300万,只需要300万,你就可以和总统吵架,吃第一夫人亲手做的蛋糕。只此一套,别无分号,欲购从速,瞧一瞧看一看,错过这个村再没下个店……

热情的兜售下,只见数万美国人蜂拥登上老比尔的网站。可是,他们并没有开价,而是纷纷留言吐槽:

这幢房子四周净是保护总统的摄像头,隐私彻底暴露了。没有隐私就没有自由,负分滚出。

还有联邦特工,揣着手枪啃着汉堡,在房子周围日夜转悠,这地方根本不是人住的!

还有记者,狗一样地乱串,谁买谁脑壳进水。

不是……老比尔傻眼了。这始料未及的事,让他倍感沮丧。

他的房子,整整一年无人问津。

现在请听题:你能不能运用创新思维三部曲,帮帮可怜的老比尔,把这幢房子卖掉?

我们还记得创新思维三部曲:第一步,克制情绪;第二步,取消限制;第三步,重新定义。

现在,咱们开始:

第一步,克制情绪。这对我们来说很容易,毕竟我们不是老比尔,房子卖掉、卖不掉,不关咱们的事。所以,这一步可以轻松上手。

第二步,取消限制。这幢房子的限制是什么?是居住!房子是用来居住的,居住是房子的限制条件。必须取消这个限制,只是出售一幢建筑物而已。

第三步,重新定义。取消了居住的限制,这幢房子就可以定义为:一幢安保措施森严到位、全天24小时监视无死角的建筑物。它最适合用来做什么呢?

/ 09 /

老比尔的房子，出售信息在网上挂了一年，也没人来买。

一年后，来了个黑人青年丹尼尔。他说，他超级崇拜奥巴马，因此他要买下这幢房子，但是他没什么钱！他要求房子降价，并分期付款。

老比尔思前想后，感觉这可能是房子脱手的唯一机会，就被迫答应了丹尼尔的条件，大幅降价，最终把房子卖掉了。

过了一段时间，老比尔故地重游，来看看自己卖掉的房子。看到的情形，让他大吃一惊。

老比尔看到，丹尼尔竟然把买下来的房子改造成了……

幼儿园！

上帝呀，一幢安保措施森严到位、全天24小时监视无死角、联邦特工出没的建筑物，不是正适合做幼儿园吗？

/ 10 /

相比现实条规化的一切，唯有思维破局才是最有价值的。

庸人拥有的只有眼下，帝王也不过是传承几世。唯有思想的火炬，才会光耀千秋万代。

我们需要对自己负责，对我们的人生使命负责。抓住星星点点的时间机会，尽可能地充实自己、完善自我。如果能够有效地提升自我的生命质量，客观上也就达成了更大群体生命质量的提升。永远牢记这三个让我们终身受益的智慧法则——克制情绪、无视限制、重新定义，我们就会获得高价值、富创意的人生。

如果你现在正面对什么难题，可以试试这个法子。**哪怕是笨拙的尝试，也胜过消极的悲愤与怨怼。**

社会固化，
底层还有机会逆袭吗？

/ 01 /

有个朋友留言问：社会固化，经济低迷，知识已经不能改变命运，我们读书学习，究竟是为了什么呢？

这个问题我喜欢。

浅显、迷茫，体现了许多孩子共同的想法。

我们来问问，知识是否能改变命运呢？

如果能，那么前一代发奋读书的高才生们，他们的孩子应该都成了富二代——但我们知道，纵然是在激烈动荡的时代，底层出现淡定逆袭者也只是小概率事件。而且逆袭者中，还有相当比例不怎么读书的人。

也许，改变命运的并不是知识，而是通过学习知识获取的某种潜质。

/ 02 /

《韩非子》里有个故事：楚人有卖其珠于郑者，为木兰之柜，薰以桂椒，缀以珠玉，饰以玫瑰，辑以羽翠。郑人买其椟而还其珠。

这个故事就是成语"买椟还珠"的由来。

网上也有一个更潮一些的、与时俱进的段子：

有个老翁，娶了个年轻貌美的妻子。不久，妻子怀孕，老翁兴奋地问医生：我老成这样了，根本没能力了，这种情况下，老婆也会怀孕吗？

医生就讲了一个故事，说有个猎人，进山打猎，可是他误把雨伞当成了猎枪。入山之后，一头熊突然出现，气势汹汹地扑来。猎人急忙端起雨伞，就听见砰的一声，熊中弹倒下。

老翁惊叫道：这不可能，一定是有别人开了枪。

没错，医生说，你总算明白了。

希望借助知识改变自我命运的人，正如买明珠的郑人。他也许花费了昂贵的人生成本，拿到了用来盛装明珠的匣子，却把明珠丢弃了。

有些人看到猎人手握雨伞指向熊，而且熊应声而倒，就果断认为雨伞是恐怖大杀器；看到有人在掌握知识后，赢得了经济自由，就果断认为知识——实际上，他们说的是一纸文凭——能够改变命运。

但实际上，文凭只是一把伞，纵然是知识，也不过是没上子弹的空枪。以为拥有一纸文凭或一点不靠谱的知识就能够改变命运的人，真的有点乐观了。

/ 03 /

什么叫知识？

知识是对这个世界的基本认知，知识，知识，知而后识。

知只是一个点，识却是一个纵深展开的面。知并不重要，识才重要。

有了识,就是"秀才不出门,能知天下事"。只有知,那就是"读书破万卷,两脚肉书厨",仍然不改蠢和呆。

不能产生识的知,是死知识。

有位学者曾抱怨过,他出门时,见司机正在收听知识竞赛节目。节目中,主持人放了五个音乐片段,随后提问:这五个音乐片段中,有两个片段属于同一首歌,你们谁知道?一个小伙子抢答正确。第二个问题是:有两首歌出自同一张音乐专辑,你知道吗?

学者说,他当时就紧张了,生怕那个小伙子也知道——如果小伙子知道,那他就完了;如果小伙子不知道,多少还沾点正常的边。

学者说的这场知识竞赛,不过是看打猎兴奋的人举办的"火力最强大雨伞比赛"。

这类知,不能产生任何识,因而毫无意义。

/ 04 /

人为什么要接受教育?

教育这东西,是背离人的天性的。在香港老电影《三笑》中,财大气粗的华太师给自家的两个少爷高薪请来了一位私塾先生王本立。王老师给少爷留作业,写篇题目为《三十而立》的文章。可大少爷开口就唱:绝子绝孙王本立,出什么三十而立,三十而立,绝题目?

少爷不想读狗屁书,只想无所事事,每天带一群狗腿子上街调戏民女而已。

人的本性,是拒绝约束的。而教育太约束人,太折磨人了。教育不只是在形式上折磨人,最让人痛苦的,是精神上的折磨。

网友们曾自发投票,有七成的人士主张把数学从教育科目中赶出去,数学这东西太坑爹了,给不知多少孩子带来了巨大的心灵痛苦。

为什么数学或其他类似的科目让这么多人痛苦?因为它会强力地改善

人的大脑，这对拒绝改变的人来说，当然是痛苦的。

然而事实上，正是这种痛苦，才是现代教育的最大价值。

/ 05 /

教育并不能改变人的环境，但能够改变人的思维方式。

这就是现代教育兴起的因由。原生态的大脑，是不能够适应一个现代文明社会的。这就需要某种手段，让你的想法与现实靠近。理论上来说，行为只是反映大脑思考的现实结果，你想对了，就做对了。你做对了，于人于己有价值，自然就风生水起，盆满钵满。

教育让我们认识到，活得幸福或是痛苦，取决于你的思维方式。

人和人是有区别的，思维方式更是天差地远。有些人是开放式思维，遇到问题破而解之，奔着经济自由大步向前，有些人却是封闭式思维，视一切问题、现状、工作甚至无生命的物体为对自己的迫害。

同样一个情况放在两种类型的人面前，开放式思维的人会高度亢奋，只想问难度能不能再高点；而封闭式思维的人则认为自己遭到了残酷、不公正的迫害，哭天抢地地抱怨、叹息。这两类人最终的人生成就，自然是天差地远。

教育针对前一种人，让开放式思维的人获得更优化的智力结构，有更强大的能力来化解人生难题。

教育也针对后一种人，但这时候情形就不乐观了——后一类人会视教育为对自我自由的严重伤害与桎梏，因为他们从未从现代教育中获得乐趣，也不认为别人有可能获得乐趣。他们不知道自己为何不爽，只知道好的分数能够让他们获得体面。于是，他们创造了一个以分数论英雄的时代，并视此为穷家孩子借能力竞争的唯一机会。

但这不过是丢了明珠拿匣子，手持雨伞去猎熊。

正是这种偏离了教育本质的氛围，导致了自欺欺人之观点的涌现。

比如说：知识还能够改变命运吗？

这就是一个最典型的自欺欺人的伪问题。

/ 06 /

知识还能够改变命运吗？这个问题，是禁不住质问的。

我们不妨质问一下：你到底掌握了多少知识？又是怎么应用的？给多少人带来了福祉？又给多少人带来了便利？这一问，就清楚了。

这个社会，学富五车却苦无用武之地的情况也是有的，但更普遍的情况是整个社会价值稀缺——如果一个人拥有足够的知识，创造出相当的价值，自然会融入社会化大生产链条。

真正掌握了知识的人，正快乐地捧着食槽狂吃，才顾不上提这么无聊的问题。

实际上，这个问题的本意是：我手里有一纸文凭，能否让我像猪一样吃到嗨？

但这样问，显得太low（低级）、太真诚，会被人认为自己脑壳进水了。

把自己手中的文凭偷换成知识的概念，问题顿显"高大上"，而且引发了同类人士的共鸣，就可以如愿地把自己描述成不公正社会的受害者。

还记得前面说的封闭式思维吗？封闭式思维的人只是习惯于把一切视为对自己的迫害，但这类人并不缺心眼，他们会倾注巨大的人生成本，只为营造一个语言陷阱，让你认同他们的观点。

但现实是，社会不公是存在的，永远存在！受害者也不乏其人。封闭式思维的人会让自己加入迫害行列中，成为一个自我迫害的人。

最好的教育是改善你的思维，让你的思维优化，让你从一个参与自我迫害的人，变成一个主宰自我命运、让社会迫害无效的人。

/ 07 /

韩寒曾讲过他的一段往事,一段引人发笑的悲惨经历。

韩寒说,他读书时,有一次数学考了满分,不料,老师在课堂上公开称:韩寒这次的表现超出了他自己的水平,不会是抄的吧?

当时韩寒就急了,辩解道:比我学习好的都坐得离我远远的,我抄谁的去?

老师笑道:你可以抄身边同学的呀。

韩寒道:可他们的分数根本没我高。

老师道:那也许是你抄的时候抄错了,结果瞎猫碰上死老鼠,反而对了,比他们分数高又有什么稀奇?

韩寒急了:老师,你要不信,就把我一个人关在屋子里,看我能不能再答个满分。

老师笑曰:孩子,你蒙谁呀,这些题你已经做过了,再考你一次,得满分太正常了。

"善良"的老师虽然挫败了韩寒的自我辩解,但还是给了韩寒一个机会,带他去办公室,让他一个人再把试卷做一遍。

万万没想到,单独测试时,试卷上有个地方印糊了,韩寒看不清,问老师:老师,这个数字是啥呀?惨了!老师哈哈大笑:果然是抄的,已经做过的试卷,你会记不住这个?

对韩寒同学的抄袭痛感于心,老师果断打电话叫家长。韩爸赶来,按照当年父母对待孩子的方式,二话不说,一脚踹过去。砰!韩寒就被踹出七尺开外……

讲韩寒这个事,不是为了让大家开心,而是想说:谁的成长不是惊心动魄的?韩寒算什么,为什么就不能被冤枉?喜剧明星宋小宝,打工时被人一拳击在后脑,当场昏死过去;岳云鹏打工时被人疯狂侮辱,你韩寒凭何是例外?

/ 08 /

教育引导我们的，不唯是知，更多的是识——一种认知能力，让我们知道，每个人于这世上都不过是无足轻重的存在。在你没有价值时，是不会有人为你主持公正的，有些成年人最喜欢把自身遭受的不公转嫁到孩子身上。

没有人愿意公平地对待我们，除了教育。

最好的教育会改善我们的思维，让我们不再是悲愤莫名，而是认识这个世界，获得足够的能力，除非当我们体现出自身价值的时候，否则别人不会把公正免费赠送给我们。

天道未必酬勤，但世上真的没有免费的公正。

/ 09 /

教育真正的价值，不唯是让我们获得谋求公正的能力，更多的是赋予我们满怀悲悯的同情心。

设若一个人小时候像韩寒那样平白被冤枉，被无理殴打，被踹飞……此时的伤痛成为一辈子化不开的结，淤积于心。当他长大，就会察己知人，以更温和的方式对待孩子。这是每个人心中的善，天然存在，而教育的功用就是最大限度地激发这种善。

意识到自己的脆弱、不足、不完美，而愿意通过教育改善自己，这是于己最大的善。只有那些意识到自己需要改善的人，才会主动接受教育的洗礼。

如果我们只要匣子却丢掉明珠，手持雨伞去猎熊，就是误把教育认作纯粹的知识灌输，因为这个过程偏离目标，就产生了痛苦与对抗。

华丽的私家跑车需要长长的公路，才会有价值。同样，抽象知识需要你大脑里有一条跑道，让这些知识跑起来。

这个叫应用。

如果你思维封闭、拒绝改善，单纯的知识灌输就会变得极为痛苦。聪明如你，就会谋求一种考高分的能力，并满心期待着这个方式改变你的命运。

不能有所改变的，只会让你更加愁苦、郁闷。

我们需要认真地审视自我，在经过教育后，我们是喜欢挑战人生，还是更喜欢考试？前者让你解开思绪的乱麻，认清世界的面目，能够尽你的人生责任；而后者不过是手持雨伞去打猎，分分钟沦为熊的早餐。

我们需要认识自身思维的不足，如果感受到艰难或痛苦，未必是我们知识掌握得不足或分数不够高，更有可能是我们的思维方式有待改进。不要用保持自我来对抗，所有人都需要高质量的自我，而不是一个原生质、粗放式的低值品。

知识当然能够改变命运，但千万不要自欺欺人，把文凭甚至混日子的概念偷换成知识。我们尽可以自欺，但是骗不过这个世界。因为世界很客观，它向你索要最简单的实用价值。如果没有，那你就应该知道，你未掌握的知识，不会帮到你分毫。

思维方式比知识更重要，知识可以随时获取，但如果思维自我闭锁，那就必须学会反思。你所受到的教育，已经赋予你这种能力。

看只看，你是否渴望获得更高质量的人生。

你读了那么多鸡汤，
也该变蠢了

/ 01 /

张作霖，东北王，老厉害了。

张作霖小时候渴望读书，但家贫，读不起，他就背个捡粪的筐子，扒在一家私塾的门外偷听。评书或演义常会把他描绘成一个满嘴脏话的文盲，张作霖满嘴脏话虽是真的，但实际上他是非常有学问的知识分子，至少他读过的书是现在许多大学毕业生仍然读不懂的。

后来，张作霖坐大，独霸东北。他建了许多学校，对读书人极为尊敬。

张作霖最大的特点，是善于用人。他用人之精妙，历史上找不出第二个来，是地地道道的用人不疑。

如果他想用哪个人，就这样对对方说：小子，挺牛的是吧？那给咱带一个师的人马回来吧，要多少钱，你开口说话。

对方一开口，无论要多少钱，张作霖这边眼睛都不眨一下，立即开出支票。过不了多久，对方就会带一个师的人马回来，而且全部对张作霖忠心耿耿。

张作霖这招，让他的势力越来越大，地盘稳如泰山。

另一支盘踞在山东的军阀张宗昌看到张作霖的法子，羡慕得不要不要的。

张宗昌说：这个办法好，咱也要这么做。

于是，张宗昌就效仿张作霖。他发现挺厉害的人物，会大大咧咧地一拍对方的肩膀：小子，挺牛气的是吧？那给咱带一个师回来，要多少钱，你说话。

对方立即开口，要组织一个师的人马，需要××钱。

张宗昌眼睛也不眨，支票本拿出来，大笔一挥：拿去。

对方拿走支票，就泥牛入海，杳无消息了。杳无消息还算好的，有时候，对方真的能组织起一个师的人马，这时候就会气势汹汹地杀来，跟张宗昌叫板，打张宗昌一个措手不及。

结果，张宗昌用了张作霖的办法，却越用越麻烦，用到最后，他整个势力都没了，连饭都没的吃。

用人不疑，疑人不用，这不是挺好的办法吗？怎么张作霖一用就灵光，换成张宗昌，就会出问题呢？

无他，智不及也。

/ 02 /

从微博到微信，最风行的，莫过于鸡汤小段子。

老雾本人也超喜欢这些段子，见到了就喜欢得不要不要的，喜欢到眉开眼笑的地步。老雾自己的文章，有许多也是散发着浓烈的鸡汤之味，不鸡汤，不舒服；无鸡汤，无快感。

但后来，老雾这边的鸡汤浓度慢慢降下来了。

为啥呢？因为总有人哭着来投诉，说：老雾，你这话说得不全面，你说做人要善良，厚道才是智慧的最高境界。我照你这办法做了，结果你看看，连短裤都被人家骗走了，你赔我短裤……

还有人哭诉：老雾，你不要发布蛊惑人心的鸡汤段子了。你说做人要有勇气，要不服输，别人欺负你，你要立即欺负回去。我照你的话做了，结果你看看，别人欺负我时，我勇敢地冲上去，被人打到爬不起来。请老雾抱我回家，谢谢。

这类狗血投诉多了，我再写文章，就多了个心眼，比如要说做人要善良、要厚道，前面就加上一句：大多数情况下，我们要有一颗善良的心，要厚道待人……一旦对方照做吃了瘪，老雾这边就有的说：你看你看，我已经说了，大多数情况下做人要善良，你非拣少数情况下善良，所以你短裤被人骗走，可不能怪我喽。

又或者，当老雾说做人要勇敢时，前面也加上这句：大多数情况下……有了这句，你被人打成狗了，老雾就可以说你遇到了少数情况，再次成功免责。

老雾，一个憨厚的作家，生生被读者逼成了鸡贼，就是因为这世界上，张作霖是少数的，而张宗昌是多数的。

同一个办法，张作霖怎么用怎么生效，怎么用怎么有理，而张宗昌用了吃瘪，不用更吃瘪，然则何时不瘪乎？

要想不吃瘪，你就得多学点人际社会的博弈法则——不不不，多学点人际社会的合作法则。说博弈也对，说合作也没错，这都属于人类的天性，怎么说都有道理。

/ 03 /

张作霖与张宗昌的用人之法是个经典的案例，至少折射出人类社会博弈或合作法则的一个中心、两个敏感点、七十二种姿势……错了，是七十二种知识。

先说一个中心，这个中心就是，人类总是要合作的，无论是男人女人，还是男人女人之间，合作是必然的。

张作霖能够成为东北王，就是因为他善于与人合作；而张宗昌沦落到饭都没的吃，就是因为他不善于与人合作。但张宗昌也是叫得响名号的军阀，可知他的合作技能虽然差于张作霖，但比一般人高出许多。

所以，**你想在这个世界上活得自在，就必须琢磨如何与人合作。**

反之，如果你不懂如何与人合作，就有可能沦为悲哀的匪兵甲，或是逃兵乙，没的吃也没的喝，还被人满地追杀，活得那叫一个惨。

此外，合作的目的往往是对抗与博弈。无论是张作霖组团，还是张宗昌组队，目的都是打败对手。所以，人类社会，举凡合作中必有博弈，是博弈中的合作，是合作中的对抗。

如果你只解读了合作的一个侧面，比如说只想到了合作，不知道博弈，那你就有可能在合作中被人玩死。又或是你太执着于对抗博弈，不会合作，结果也必然是把自己玩残。

然则，什么情况下合作为主，什么情况下合作又会转向博弈呢？这取决于你对人性两个敏感点的刺激。刺激爽了，你就会有一次超愉快的合作体验；没刺激到位或是刺激过头了，合作就会告吹，转为博弈。

/ 04 /

合作的两个敏感点，一个是自由度，另一个是控制度。

有丰富管理经验的人士都知道，这两点其实是一个过程的两个方面，控制度与自由度构成一个整体——很有可能，二者之和是个常量。

也就是说，对一个人的控制程度高了，对方的自由度就少了。反之，给对方的自由度多了，控制力又有所不足。

你如果比较闲，可以去翻翻管理学的书，查一查什么叫"最好的管理"。我保证你会读到这样一句话：所有管理学专家都认为，最好的管理就是最恰当的管理。

还记得，少年时代刚刚读到这行字时，我的内心几乎是崩溃的。你看这不是废话吗？但唯有这句话，才是真正的大智慧。

因为，只要你面对的是人而不是物，你就会发现，这世上每个人是不一样的，相同的管理学法则往往只适用于一种情况，只适用于一个人，换种情形或换个人，老法子就不灵了，必须琢磨新招。

管理学中还有个天花板理论，管理者本人的能力构成团队的天花板。

比如，张作霖的水平不是一般地高，所以他可以用人不疑，给予对方极大的自由度，让对方尽情地施展发挥，因此他的团队越做越强，越打造越大。

而张宗昌本人的能力也就一般般，他学张作霖，给手下人极大的自由度，就立即失控，不是手下人趁机拿钱跑了，就是手下人拉着队伍跑了。总之，让他玩不下去。

所以，在社会博弈或是合作过程中，你能玩到多嗨，取决于你个人的能力有多强。能力强的人，给对方足够的自由度却仍然不会失去控制，所以能够玩到尽兴。能力差的人，让对方太自由，对方就跟隔壁老王跑了；给对方的自由度不足，管制太严，让对方玩得不爽，一旦突破对方的心理底线，对方就会恼羞成怒，转过来跟你死磕。这就是合作转为对抗或博弈的范例。人类社会，职场、情场处处都能见到这种情况。

所以，你想要玩得开心，就必须想办法提升自己的能力。能力增长也有个临界点。过了临界点，你就能够从任何不起眼的小事——比如说鸡汤段子——获得进补的营养，越补能力越强。能力差的人，再有营养的鸡汤也吸收不了，反而会像张宗昌那样，越喝越孱弱，喝到最后一蠢到底，彻底没的玩了。

然则，要怎样做才能迅速增长能力，才能娴熟而灵活地刺激对方的敏感点，让对方玩到爽而且嗨呢？

这个，这个……这个大概就需要多多领悟人性的姿势……不，是知识。你了解得越多，思考得越多，手法就越老到娴熟，就越容易把对方弄到欲仙欲死。但我们不可能一口气传授给你七十二种知识，就算是真的讲了，这些知识不能转化为你的思想，也是没有效果的。

所以，我们讲几个心法好了。心法这东西，需要的是慢慢揣摩领悟，揣摩就是吸收，领悟就是形成自己的理性思维。不完成这个过程，即便给你灌一大缸鸡汤，最多也只能让你多跑几趟厕所，不会有别的效果。

/ 05 /

先解释一下，大家为何讨厌鸡汤，鸡汤哪里就不好了？

鸡汤这东西，真假姑且莫论，多不过强调一个侧面的重要性，比如说人应该做善事。我曾读到一碗汤，故事是说在战场上，一个士兵听到炮弹袭来之声，疾冲过去摁倒战友，结果炮弹把他刚刚站立的地方炸出个大洞。这碗汤的意思是说：你看看，做好事果然有好报吧？你看这个士兵，如果不是为救战友，就不会离开最初的位置，不离开，就会被炸零碎了……

当时我读到这段，忍不住喷出一口老血。这叫什么烂汤？编个偶然事件当道理，说给人听？合着战场上的死难者，统统没救过别人？合着战场上的幸存者，都是大善人？

小概率事件不能形成劝世文本，这是许多鸡汤师刻意忽略的。

哪怕是再伟大的鸡汤，伟大得不要不要的那种，也只不过是在预测一种大概率事件。比如人要有一颗善良的心，这种劝世之说，一来善心爱意能让你自己生活得舒爽体面；二来善行爱心会让你和同类人士走到一起，虽然同类的善行人士在一起时，也照样会狗血喷头地博弈，但遭遇最凄惨事件的可能性会大大降低。

再比如，我以前有个司机，开车时会疯了一样地闯红灯。我很恼火，对他说：孩子，跟你说，遵守交通规则这事是为了养成你自我保护的意识，避免小概率伤害事件。一个不遵守交通规则的人，难免有闯红灯的冲动，冲动是魔鬼，只要有一次失控、失手，你这辈子就没的玩了。成熟的人大都很犬儒，凡事小心又谨慎，这并非他们缺乏血性，而是有责任心的表现，不会毫无理由地拿自己和家人的福祉瞎冒险……

请大家记住了，一切鸡汤都不过是在描述一种概率。你得要大概率的快乐，莫要小概率的忧伤。这也是人性法则的第一个要点，**你所做的一切，不过是把事态向自己希望的概率方向推进**，达到了，是对方配合了你；没达到，或是对方不谙合作，或是你太难为对方。

这是我们要说的人性博弈或合作的第一个心法，人性不确定，凡事求概率，孤注一掷是最可怕的，一旦落空就会无法接受。

/ 06 /

人性博弈或合作的第二个心法，是**寻求高自由度的发挥**。

这个"高自由度的发挥"，有三个意思：

第一，你要提升自我能力，像张作霖那样多读书，可以装成一个粗糙的人，但内心必须明镜也似。万不可让自己成为张宗昌，外表糙，内心更糙。

当你的个人能力足够高时，你就可以控制合作的进程，无论是赋予对方足够的自由度，还是在手中留足够的控制力，你都可以自由裁量。掌控全局的人往往掌控了规则，庄家很少会输掉，这就是这个世界的秘密。

第二，只有你的能力足够强，你才能够螺蛳壳里做道场，哪怕是遇到控制狂类型的主控者，给你的自由度严重不足，你也一样能玩出花样来。反之，如果你能力不足，即便给了你足够的空间，你会也茫然失措、六神无主，不知如何做才妥帖。

第三，寻找那个能够赋予你最大自由度的玩家。无论是职场还是情场，一旦对方信任你，而且他的控制能力足够强，那么恭喜你，你找到了值得同行一生的小伙伴。

要知道，最成功的玩家，不过是找对了伙伴。 张作霖用人不疑，但疑人他也从来不用。有能力者，他会放权；没能力的人，他才懒得理你。

想要找到合适的伙伴，不能缺失正常的判断能力，判断力属于人的正常能力的一部分。这是我们必须牢记的第二个心法。

/ 07 /

最后再补充一点，你的一生会遭遇无数次的诱惑，这种诱惑所呈现给你的，使你站在合作转为对抗的关键节点上。

这是最考验人的时候，此时的判断力构成了一个人智商的全部。

媒体曾报道过一个案子，一个打工仔受到老板的绝对信任与赏识，老板对他言听计从，给他全部的权限以及公司的钥匙。可是这打工仔趁机将公司里的财物盗取一空，而后发微博大骂老板，说老板智力不足……

记得我还为此事写过文章，说这孩子可能一生再也碰不到第二次这样的机会了。一个人绝对信任他，而他选择的是背叛与戏弄，这就是无法抵御赢家喜悦之诱惑的表现。他把自己人生中最罕逢的一次合作转化为对抗，只为赢这一次，不惜失去未来。

合作者观察我们，我们自己也要学会观察自我。年轻人都会遇到一两次难得的合作机会，这固然考验合作者的智力，也考验年轻人自身的品质。有些特殊性合作，不是不可以撕裂的——前提是，对方的人品严重可疑。但如果对方人品没问题，那就一定要把握好手中的选择权。

一切的合作，看似拼能力，本质不过是拼人品。只有拼赢了人品，才能够获得能力增长的机会。

说到拼人品，仍不过是个大概率事件。这个大概率所覆盖的就是品质正常的人群。如果你出现在错误的位置，那不是鸡汤误了你，而是你误读了鸡汤。

可以家贫，不可以心穷

/ 01 /

朋友问我：楚霸王项羽那么神勇无敌、威风凛凛，怎么会失败呢？

我说：看一个细节，就能知道他失败的原因。

项羽作战勇猛，许多人心甘情愿跟随他，但跟随他的人，无论立了多大的战功，都得不到封赏。实在没办法了，不得不封赏的情况下，项羽就会把要封赐的大印恋恋不舍地拿在手上，不停地摸呀摸。

曾在项羽手下打过工的韩信指控说，项羽这个人，心眼比蚂蚁的脚指头还要小，那大印的棱角都被他抚摸得圆滑了，他也舍不得给出去。他内心就盼着手下人吃几场败仗，立不了战功。那么，这所有的大印，就可以归他一个人了。

项羽的内心不情愿任何人从他这里得到好处，不管对方多么能干，立下多么大的战功。看到别人得到好处，那简直比别人睡了虞姬还让他痛苦。

他希望所有人都混得惨惨的，就他一个人舒坦。

这种心态，叫心穷！

心穷之人，是无法获得人生快乐的，更找不到不失败的理由。

历史上，心穷之人不止项羽一个。而且这类人，现在也未绝迹，我以前有个熟识者，大概可以归为这种类型。

/ 02 /

我还在机关做公务员时，认识了一个乳品厂厂长，很年轻，很有为，当时也不过是30岁出头，正值志得意满之时。

他上任前是立了军令状的，要在三年之内把乳品厂的利润搞上去，正式就任后，就把我们一班朋友请了过去，商量如何迅速做大做强。

他这个厂子，是生产雪糕的。我们对这个行业很隔膜，完全看不懂，但知道当地有家同类企业，每天都有新品种推出，已经做得风生水起了。

于是，我们就问他：人家那企业，怎么会每天都有新品种推出呢？

他回答说：咱们比不了人家，人家会搞。他们厂子里，有个挺大的实验车间，全厂所有工人都可以拿着原料去实验车间捣鼓，只要感觉不错，就可以上报，铸模具进入工艺流程，当天就能生产销售。卖不好就算了，卖得好，工人是有提成的。有的工人搞出来的产品好，一个月的提成就有七八万元。

当时我就兴奋了，说：这个办法好啊，创新咱不懂，山寨还不会吗？咱们也弄个实验车间，让你厂子里的工人们玩呗。弄出好产品来，厂子活了，工人也有钱拿，一举两得呀。

听了我的话，他的脸扭向窗外，不再看我们。至今我还记得阳光洒在他的脸上，我清晰地看到他脸上的肌肉扭曲着，说了句：把钱给他们？想得美！

我说：给他们有什么不好？只要他们能搞出好卖的新产品，不也是替你解决经营问题吗？

他说：别说这个了，想想别的法子，别的法子。

我们不明白他为什么不喜欢这个法子，这个法子有什么不好？

最后不欢而散。

后来，他还是抄袭了这个法子，第一个月的效果很明显，许多新品一上市，就被人疯抢。但第二个月，他的产品就在市场上消失了。

后来才知道，他建立了一个小小的实验车间，但并不承诺工人可以提成。所以，第一个月工人把新品种推出来后，一毛钱也拿不到。没提成就算了，工人实验时用的材料，他还要另行收费。这下子，工人生气了，就故意弄坏模具，弄丢配方，以至于第二个月工厂连老产品都生产不出来了。

工人们此举，意在"逼宫"，想迫使他取消材料收费，允许工人从销售盈利中提成。但是，他寸步不让。想从我手里拿到钱？休想！最后，他的军令状没法完成，工厂基本上处于停产状态，厂子里冷冷清清，他自己则每天坐在空荡荡的办公室里喝茶，悲情满腹地冲着墙大骂，骂世道不公，骂人心险恶，总之想起什么就骂什么。

此后，大约有十年，他下海去深圳，我们再一次见面。

/ 03 /

一别十年，他已经很沧桑了，满面于思、支离憔悴的样子。

坐下来后，他拿起摆放在桌上的印有酒楼标志的卫生筷，说出了第一句话：这东西，是要钱的！

当然要钱，我说，咱又不是酒楼老板的爹，人家凭什么免费伺候你，你说是吧？

他不理我，拿起卫生筷在桌子上敲，愤愤地说：这里，光是收这些筷子的钱，就够服务员一个月工资的了。

我说：这说明，酒楼老板是个有脑子的人。

他仍然不理我，高喊一声：服务员！

服务员过来,就听他气呼呼地说:把这些收费的筷子全撤下去,给我们上一次性筷子!一次性筷子你们有吧?别告诉我你们没有!

筷子撤下去了,他替我俩各省了一块钱。可是,他仍然余怒未消,用悲愤的语气对我说:知道不?这家酒楼的老板,他不光开酒楼,还办烹饪学校,学生就派来酒楼实习,当服务员那钱老赚了。

他满腔悲愤,不停地控诉酒楼老板,又以挑衅的口吻叫服务员过来,吩咐道:给我上一碟蒜片、一碟葱丝、一碟姜片、一碟辣椒酱、一碟剁辣椒……他语速极快,一口气吩咐了九种以上的调味品,把服务员听到彻底晕菜。

让他这么一闹,这顿饭就没法吃了。

/ 04 /

感觉这个朋友不对劲,我就有意识地和他隔开一点距离,以后他再约我,我总是推说有事。此后断断续续从朋友那里听说他一些杂事,无非是和别人发生冲突:去酒楼吃饭,跟服务员吵架;去浴池洗澡,光着身子跟搓澡工打架;被打伤住院,就跟人没完没了地控诉护士是如何冷漠地对待他……

他自己也知道这些事,解释说,这要怪他的个性太刚强了,眼里揉不得沙子,看不惯别人的出格行为。

但我想,他不是眼里揉不得沙子——他才是那粒沙子!

不管他出现在谁眼里,都让人极度不舒服。他简直是楚霸王项羽的孪生兄弟,虽然时空上相隔千年,但两人的心理和思维如出一辙。

项羽虽力能拔山,但就是见不得别人好,会被别人的成就刺激到抓狂。这拖累了他的智商,纵然威霸天下,也只能无奈别姬。

而我的那个朋友,让工人试制新品一起赚钱,多好的事,可他就是容忍不了工人拿钱,宁可把企业拖死,把自己拖残,也不肯满足工人。到酒楼吃顿饭，就因为酒楼赚了他一块钱的筷子钱，他就受不了了，竟然把自己气到全身哆嗦。你说这是何苦？

都是心穷之人。

家穷，就会家徒四壁，空无一物。心穷，心里就是一片空茫茫，毫无着落，仿佛置身于荒野，有种急切的焦惶感，类似于被迫害狂的状态。他的眼睛紧张地盯视着前面，任何人出现在他眼前，都会让他忍不住冲过去搏斗一番。

心穷之人，固执地想把对方拖在既有状态下，甚至不惜搭上自己的人生。

说到底，就是内心太虚弱。

心穷之人，不分职业。我就见过这种类型的老板，跟楚霸王项羽一个毛病，对自家企业经营丝毫不上心，一门心思地与员工斗智斗勇，斗到最后，当然是他赢，只不过企业越来越差劲，闹得门庭冷落、众叛亲离，他却在月白风清时自怨自艾，感叹人才难得，知音不遇。

心穷之人，不分年龄。我还见过一个心穷的年轻孩子，一个刚刚毕业的大学生，已经通过面试，人力资源部通知他上岗了，可是他对我说：我感觉，你们这些人太现实了。

怎么了？我不明所以。

他说：你们这里女工那么多，无非是缺干活的男工罢了。叫我来，我感觉你们明显不怀好意。

这说的是什么话？我很郁闷：这么多人辛辛苦苦凑一家企业，就为了对你不怀好意？你很值钱吗？再说，这里如果不需要你的话，凭什么让你来呢？你总得拿出点什么东西，跟企业交换吧？

他老气横秋地叹息：唉，我现在对你们来说还有利用价值，可等我病了、老了呢？你们还会要我吗？

叹息声中，这个孩子迈着苍老的步伐，一步步地离开了。

此后，我再也没见过这孩子，但见过许多和他一样充满了忧伤的职场男女。

他们的心太穷了，没有任何东西能拿出来与这世界交换。

/ 05 /

是否有一种思维模式，会让人陷于困馁之中？这一点不能确证。**但一个人如果内心过于虚弱，就会陷于心穷的状态中。**

心穷之人，生活在自己的想象中；想象中，整个世界都是属于他一个人的。他无法容忍别人获得任何一点好处，哪怕一点点，都足以把他的心压碎。他巴不得所有人都生活在困顿之中，任何人的努力所成都会对他造成刺激，形成伤害。

心穷之人，是不可以接近的。一旦接近他，你就会被他纳入他的盘子里，放置在一个极端的位置，如果你不在这个位置，就伤害了他。如那些曾在项羽手下混过的人，就是被项羽的这种心态挤对，最后只能一走了之。

心穷之人，思维是闭锁的，世界观是固化的。他认为自己没有待在应该待的较高位置，因而牢骚满腹、怒气冲冲。这类人是合作的毒药，他们总会找到奇怪的理由，把好端端的局面弄砸。这类人也是交际场上的毒药，总是能给你弄出鸡飞狗跳的狗血怪事来。

但越是心穷之心，就越是反思能力匮乏。他拒绝反思，生恐对失败的穷诘会触到他那隐秘而固化的思维——事实上，这类人所做的一切都是力图让这世界向他们的想象靠拢，但这世界太任性、不听话，所以他们就生出无端的屈辱之心。

一个人，一旦生出较量之心，就会堕入心穷状态。这时候，人的智力就会下降，思维无法打开，始终囿于一个狭小而悲愤的领域，纵然是坐拥无限江山，最终也只会收获个惨淡别姬，乌江夜遁的下场。

可以家贫，不可以心穷。家贫之人，只要有志气，敢拼打，就会一步步地走出人生困境。而心穷之人，被困在自己狭小的心眼里，除非他们能够破局而出，否则，就只有耐心等待，等待他们从自我束缚的蚕壳中挣脱出来。

哪些知识会让你变蠢？

/ 01 /

我有个朋友，劝他那正上大学的熊儿子：孩子，你在大学里一定要多读几本书，你看那谁，俞敏洪，他读北大时，四年读了800本书，有时候没钱买书，他就那啥……

儿子慢慢转过头，用看一只千年老怪物的眼神看着父亲，说了句：现在是信息爆炸的时代，网上什么都能查到，谁还读纸质书？

父亲气结：你你你……网上的东西再多，你不会用也白搭。

儿子冷静地道：是你不会用，不是我。

你你你……父亲快要疯掉了：你咋不上天呢？

儿子：够潮啊爸，没给我丢脸，连这句话你都知道。

你你你……父亲悲愤地走到墙角，以头抵墙生闷气，不知道如何才能说服儿子。

打败了父亲，儿子那悲悯的目光转向颤悠悠想要逃走的奶奶：奶奶，你在家没事干，我教你上网玩吧。

老奶奶：网上有什么好玩的？

儿子：网上什么都能搜到，只有你问不出来的问题，没有你搜不到的答案。

老奶奶：瞎扯。

儿子：奶奶，我说的是真的，不信你问我爸……还是别问了。

老奶奶：真的就好。你替我问问，昨天，你爷爷把裤衩脱哪儿了？我在这儿找了好半天了……

不是，奶奶……儿子乱了阵脚：奶奶，这问题……太重口味了，换一个，你换一个问题。

那就换一个吧。老奶奶从谏如流：你小时候喜欢叨奶嘴，怕人抢，你把奶嘴藏了起来，藏完你自己就忘了地方，再也找不到了。你上网问问，你小时候把奶嘴藏哪儿了？

奶奶，你别……儿子无力招架：这也不行，你再换个问题，再换一个。

再换一个也行。老奶奶道：那你问问，你妈她啥时候回家吃饭？你看这菜都凉了。

这个……儿子几乎要崩溃了：奶奶，你再换个问题，换个有意义的……

老奶奶：咋的呀？吃饭没意义呀？没意义你别吃呀。

唉！算你们狠，儿子彻底被打败了。

/ 02 /

讲这个故事，是想说……说什么来着？总之要说一件非常重要、非常重要的事情。有多重要呢？巴菲特就是弄清楚了这个问题，才赚钱赚到疯。

巴菲特，土豪中的土豪，阔佬中的阔佬，喜欢讲鸡汤段子。他有个低调的合伙人——查理·芒格。和巴菲特的风格相反,查理·芒格不太喜欢心灵鸡汤——但如果他鸡汤起来,能把鸡激励得主动往汤锅里跳。在一次饭局上,查理·芒格讲了一个故事。

查理·芒格的故事叫:普朗克的司机。这个故事进入中国后,在流传中被篡改成爱因斯坦的司机,因为许多中国人不知道谁是普朗克,但都知道爱因斯坦。

普朗克的成就并不亚于爱因斯坦,他是1918年诺贝尔物理学奖获得者。得奖之后,他每天奔波于各个学府及社交场合,演讲他的理论。讲了一段时间,给他开车的司机听得烂熟,就对他说:教授,你每次都讲一样的内容,连标点符号都不带改动的,我都听熟了。这样吧,下次到慕尼黑,就让我替你讲吧,你也歇一歇。普朗克说:好啊,你想讲,那就你来好了。

到了慕尼黑,普朗克坐在车里,司机登台,对一群物理学家洋洋洒洒地大讲一番,讲得跟普朗克一样,内容非常完整。讲完了,一个教授举手:先生,我想请教一个问题……然后,问了个非常专业的问题。听完他的问题,司机笑了:这个问题,太小儿科了。这样吧,我让我的司机回答一下……

讲了这个故事后,查理·芒格说:知识有两种,一种是知识,另一种是表演。许多人并没有掌握什么知识,而是像普朗克的司机一样,只是学会了表演。但是,这种表演对当事人并没有任何帮助。糟糕的是,许多人入戏太深,忘记了自己只是个司机,不是普朗克。

/ 03 /

查理·芒格的意思是说,有些人并没有掌握足够的知识,他们只是掌握了一种表演的技巧。他们在现实生活中就如普朗克的司机一样,登上讲台鹦鹉学舌,却期望获得普朗克的荣誉。这种要求得不到满足,就引发了他们的怨气冲天。

作为搭档,巴菲特也超喜欢查理·芒格的故事,**他认为,一个人至少**

应该具备两个能力：第一，能够清晰地认知自己掌握了多少真正的知识；第二，能够辨识那些貌似知识者的表演家。

拥有第二个能力，相对来说简单些。大致说来，影视剧中的演员、电视评论员，甚至有些照本宣科的教授，这些人多是表演者，你在他们身上看到的多半是一种过人的表演能力，他们自身知识的含量并不如你想象的那样高。难的是拥有第一个能力。

有关第一个能力，巴菲特说，请认清你的能力范围，并待在里边。这个范围有多大，并不重要，重要的是知道这个范围的界限在哪里。

查理·芒格"神补刀"，说：你必须找出自己的才能在哪里，我几乎可以向你保证，如果你必须在你的能力范围以外碰运气，你的职业生涯将会非常糟糕。

但说到最后，这俩货也没解释一下，该以何标准区分真正的知识与表演，并以此界定自己的能力范围。只讲鸡汤不讲干货，可能是巴菲特和查理·芒格这俩货太聪明了，他们以为自己知道的，别人都知道。但实际上，许多人确实不太明白。

/ 04 /

理论上来说，这世上的所有知识都有其内在的价值。但有些知识，好像不是那么靠谱。正如最近大家弄清楚的：原来金鱼的记忆不止7秒，甚至可以长达几个月。但你知道了这个，好像还是派不上用场，没有哪家公司会为了这事给你颁发奖金。

网络时代，知识点可以随意抓取，只要在网络上一搜，各种资讯、各种知识，屏幕一关，你的大脑好像依然如旧——网络是聪明人的工具，却让一些人变得更蠢。

这就是开篇故事的寓意了：网络好比普朗克，你我好比替人家开车的司机。网络上的知识再多，你最多不过是学个表演。网络带你装憨、带你飞，飞到最后一脸灰——现实中，许多人跟普朗克的司机没区别，只会照着现成的模板表演，问他下一步该如何，他就傻眼、麻爪[1]了。

显然，碎片的、零散的、孤立的知识点并没有什么意义。有意义的是一种思维方式，一种灵活运用自己掌握甚至未掌握的知识，以改善自我智能及生活的能力。

这个问题，早在还没互联网时就已经被人注意到了。

/ 05 /

大哲学家罗素有个好朋友，叫艾尔弗雷德·诺思·怀特海。他们两人联手，写了一部《数学原理》。此后，两人兵分两路，艾尔弗雷德·诺思·怀特海开始研究思维与感觉之间的关系，并提出了一个奇葩的概念：惰性知识。

惰性知识抄了惰性气体的表述，指的当然就是那些碎片的、零散的、孤立的，听起来"高大上"但没什么实际用途，无法在现实中应用的、缺少活力的知识。活力不足的知识，就是惰性知识。

照这个标准来看，网络上，九成九都是惰性知识，是死知识。除非有谁赋予这些惰性知识活性，这时候，知识才会体现出其应有的价值。

对绝大多数人来说，金鱼的记忆时间到底有多长，这就属于前不着村、后不靠店的惰性知识。普朗克的司机能够一字不差地背诵他的讲演稿，这也属于典型的惰性知识。

不是说死知识就没用，至少趣味性还是有的。但如果你具备了让死知识成为活知识的能力，岂不是更好？我们许多人掌握的所谓的知识，其实不过是个知趣点，构不成知识。

知识，知识，有知有识。惰性知识只有知——知道金鱼的记忆不止7

1.方言，形容害怕或慌乱得手足无措。——编者注

秒——没有识，如果你非要抬杠说有，那也不过是网络上的传言，不可信。知趣点或惰性知识在你大脑里只是一个孤立的点，前不着村、后不靠店的那种。

知识必须能够用以指导人的实践，才有价值与意义。**知识必须能够在你大脑中自如运行，形成一套完整的思维体系。这个体系至少应该包括观察、分析、预判、行动、矫正、结果与反馈这七个步骤。**

普朗克就是在专业领域里运用这七步，完成了他的思想发现。所以，他才获得了诺贝尔奖。而他的司机只有一个孤立的点，联系不成完整的步骤，所以只是惰性知识。

惰性知识拓展开来，就会成为活知识，成为你的智慧和能力；拓展不开，就毫无意义了。

/ 06 /

那要如何把惰性知识拓展开来呢？

第一步，你要知道，知识和知识是完全不一样的。 知识的世界不过是个积木天地，有些知识是积木块，有些知识是积木场。其他的知识，都是由积木块在这个场地里搭起来的。

最核心的知识只有三类：

第一块积木是数学。数学这东西的特点就是精确，精确的意思就是永恒不变。在美国，一加一等于二；到了朝鲜，一加一也得等于二。这类知识是最有价值的，但也是最难的。

第二块积木是逻辑。逻辑这东西是非常抽象的，但也是准确的。知识体系靠逻辑推导而形成。人生也是依据逻辑而存在的，如果有谁活得不太有逻辑，那么他的人生一定是场跌宕起伏的大戏，娱乐了别人，苦了自己。

第三类是哲学。哲学是所有学科的源头，它不是积木块，而是你堆垒积木的场地。

你认为这个世界是什么样的，就可以拿数学和逻辑这两块积木堆砌自己的观点——如果你的认知理论正确，那你铁定要用到数学和逻辑。而错误的认知百分之百会回避数学和逻辑，只在自己的语言体系里反复循环。

第二步，你要知道，除了数学、逻辑和哲学这三门学科之外，其余的所有学科都只是假说，并不能确定其正确性。所谓科学，就是不断证伪，让其错误的含量略低一点点。

重复一遍，除了数学、逻辑与哲学外，其余所有学科都只是猜测，只是假说，是大家实在没办法，姑且拿这东西当真。

举个例子，现在大家有病常看西医。可你是否知道，西医科学化的时间并不长。此前2000多年，西医给人治病常常只有一招：放血。因为当时的医学理论信奉体液之说，认为人患病了，是因为血液太多。所以，不管你是感冒发烧还是腿断骨折，进医院先给你一刀放血——为了使放血疗法显得更严肃，西医大量使用吸血的医蛭。19世纪30年代，法国使用了超过4000万只医蛭，吸得病人神采奕奕、精神抖擞。如果不是患者死得太快，这怪招现在肯定还在用。

人的一切理论其实都是虚构的，在这种理论被证明完全错误之前，只能先对付着用。

第三步，你要学会运用数学或逻辑的工具构建自己的知识体系，有了这个，你就可以碾压周边人了。

这个体系的建立，其实是很容易的，只需改一改你网络搜索的习惯，从单纯地搜寻知识点改为体系性搜索。你要搜索的，不是一个简单的结论，而是思维的完整七步——观察、分析、预判、行动、矫正、结果与反馈。

就比如说，金鱼的记忆不止7秒，这个知识点毫无价值，但如果你在网上搜索到科学家的证明工作，从最初的观察开始，分析、预判、行动、矫正、结果，再到最后的结果被你获知，这一切就变得有价值了。

你对这个过程熟悉了，大脑就会潜移默化地形成体系的认知能力。此后，你看问题就不再那么武断，那么情绪化，而是有板有眼地走过一个完整流程。这时候，你的错误在减少，智慧在增加，哪怕在一个陌生领域，也不会失去清醒的判断力。

重复一遍，你要学会在网络上搜索一个思想流程，而不是无意义的点。当这个过程开始时，你的大脑就逐渐变得充满智慧。

有些人会问：为什么不给个法子，让大家嗖的一下就建立起自己的知识体系呢？老实说，目前这个改变搜索习惯的法子是最简捷的了，比这更省事的法子是奔高等数学冲过去——但对多数人来说，最省心的法子其实最难。莫不如从改变自我习惯开始，熟能生巧，适用面更广泛。

/ 07 /

到这时候，我们才会意识到，巴菲特和他的小伙伴查理·芒格所说的到底是什么意思。他们是在说，只有把你大脑里的那些散乱的知识点串联起来，构成完整的体系，这才构成知识本身。这个体系能够帮助你，改善你的生存环境。

而不成体系的一切就是查理·芒格所说的——这些无意义的东西，会让你的人生非常糟糕。网络只是工具，而知识甚至不能构成工具本身，只有系统化的思想才能构成真正意义上的工具。

吴晓波（财经作家）认为，工具会淘汰人——这话不假，但它淘汰的一定是那些脑子顽固而保守，没有形成自我思想体系的人，只有这类人才会排斥进步。并不是你年轻，就一定不在这个行列中，年纪和进步没有丝毫关系。

互联网必将淘汰那些低端运用者，淘汰那些只会搜索知识点的人。除非你学会运用网络构建思想体系，用以指导自己的人生实践。

没有掌握思想体系的人，任何变化都会淘汰他；而掌握了体系的，就是淘汰体本身。

所以，千万不要再说"网络上什么都有"这种话了。**网络上有没有并不重要，重要的是你自己的大脑里有没有。**

思考质量决定人生成败

/ 01 /

朋友圈推送了一篇微信评述,关于2015年中美大学生阅读书目的差异。

中国这边,排第一位的是小说,比如《平凡的世界》在两所校园夺得阅读之冠。余者有《三体》《盗墓笔记》《神雕侠侣》《绝代双娇》《天龙八部》等,多是些文学作品,思想类的书极为稀少。

而美国10所高校综合排名借阅量前10名的书籍分别是:

1. 柏拉图《理想国》;
2. 托马斯·霍布斯《利维坦》;
3. 尼科洛·马基雅弗利《君主论》;
4. 塞缪尔·亨廷顿《文明的冲突和世界秩序的重建》;
5. 威廉·斯特伦克《风格的要素》;
6. 亚里士多德《尼各马可伦理学》;
7. 托马斯·库恩《科学革命的结构》;
8. 亚历克西斯·托克维尔《论美国的民主》;

9. 马克思《共产党宣言》；

10. 亚里士多德《政治学》。

这篇微信评述说，从榜单来看，中国的大学生较少阅读有想象力的书籍，较少阅读有国际视野的书籍，较少阅读综合类或有普遍意义的自然科学和社会科学的书籍。还有一个现象，名校和普通高校学生阅读差异不大。

这个评价或有道理，但换个角度来看，也许更能说明问题。

/ 02 /

依据个人的阅读经验，中国孩子的阅读量太少，少到了怕人的程度。

之所以大学生的阅读类别多以小说为主，是因为阅读的起点就在这里。从阅读心理上来看，阅读也是循序渐进的，分这么几个步骤：

第一步，纯娱乐小说。这是阅读的起点，这个起点继婴幼时代的童书而持续，功效在于培养孩子的文字敏感性。中国孩子在中学时为了拼高考，阅读功能基本上废掉了，到了大学才补这一课，但已经错过了最佳时期，多数学生有可能连这一关都闯不过。

第二步，传统经典小说。当孩子读过了流行的娱乐小说，文字的敏感性就培养出来了，就不再满足于简单的人物结构，要阅读一些智力含量较高的作品，诸如《基督山伯爵》《九三年》《飘》《傲慢与偏见》《简·爱》《1984》等书就会被翻出来。而这些书在各大高校没有上阅读榜，这就证明国内的孩子阅读量严重不足，阅读时间严重不够。

第三步，进入史哲领域。只有对经典涉猎广泛，才有可能培养出这方面的兴趣。因为经典小说中涉及大量史哲领域的概念，诸如古希腊神话、西方历史典故，这些典故会在书中频繁出现，最终形成孩子的阅读敏感点，让他们慢慢能够读懂《希波战争史》《伯罗奔尼撒战争史》《理想国》《利维坦》《论法的精神》《社会契约论》《梦的解析》等。这时候，孩子们的大脑开始体系化。

第四步，进入思想领域。有了史哲的基础，就会阅读大量的思想典籍，诸如卡尔·波普尔的《猜想与反驳》《客观知识》、伊姆雷·拉卡托斯的《科学研究纲领方法论》、蒯因的《从逻辑的观点看》等。阅读到了这一步，才算是个读书人，阅读量才能够勉强和西方学府的大学生比画一下。

但只有突破第五步，才算是读有所成。

第五步，形成自己的思想体系，并依据自我的体系构建新的阅读书目。理论上来说，真正的思想家不需要读这么多的怪书，就能够构建自我思想体系，但这种生而知之的异类较为罕见，几百年也出不来一两个。考虑到我们中的许多人连现成的书都读不明白，最好还是视自己为一个普通的守夜人，就是要读懂书，建体系，再传承，以待来者。即使要做到这一步，也需要先行对思维认知有思考，这种思考又称为"元认知的能力"，就是你要如何获得知识、这些知识在大脑中如何有序组列的过程。

完成这五步，你的人生就游刃有余了——这时候，你的思考不唯有一定的深度，还有足够的广度，简单来说就是看问题看得通透，生存很容易，不会有什么痛苦或是压力，即使有也没那么夸张。

但老实说，阅读或是思考根本用不着走这么远。如果你肯硬着头皮走到第二步，你的人生就堪以笑傲江湖了。

/ 03 /

如果一个孩子，大学里稀里糊涂走一圈，最后居然不喜欢读书，结果会怎么样呢？

远的不说，近的有复旦学生毒杀自己的室友，美国那边还有一群留学的中国小女孩，因为凌辱自己的同胞被判了重罪。这些事，就是孔子所说的"质胜文则野"，读了半天书，也未能消弭心中的暴戾之气。说到底，就是读书的量太少，还没完成文明教化——文化，文化，就是消除野蛮愚昧的文明教化的意思——仍然停留在原始人的野蛮生长状态。

也就是说，还没有达到阅读的第一个层次——通读流行娱乐小说。虽然不能说他们不是文明人，但他们确实需要再努努力。

但人这东西矫情得很，不读书吧，停留于"质胜文则野"的阶段；流行娱乐小说一读，又容易矫枉过正，误入"文胜质则史"的误区。

/ 04 /

处在阅读的第一个阶段，大概算是网络上被嘲笑得最厉害的文学青年。

文学青年是讲究腔调的，这跟孔子说的"文胜质则史"的"史"是同一个意思，就是矫情，就是装模作样，就是年纪轻轻却酸腐气息冲天。

长吁短叹，老是抱怨怀才不遇，也是在这个起步阶段。只是因为读书量少，还不知道自己的无知，所以才会有此抱怨心态。

如果他们不加大阅读量，迅速形成新的阅读敏感点，进入第二阶段的话，他们有可能成为"老文青"。而他们的思考是没有深度的，是幼稚的，完全情绪化，凡事就看自己喜欢不喜欢；广度上的思考也没有，是完全自我的。这时候，他们的人格相当脆弱，所谓的自我也是飘忽不定的，呈现出十足的孩子气。

这些毛病，一旦进入阅读的第二个阶段，就自然消失了。

/ 05 /

阅读的第二个阶段，就是开始阅读传统经典小说。这类小说将时代背景剖析得非常深刻，对人性反映得也比较全面，尤其是书中有许多复合型性格的人，这让此一阶段的阅读者获得了观察人性的立足点。

这时候，他们的思考不再是幼稚的，而是成熟的、理性的。

思维的广度也不再囿于自我，而是能够兼顾周边，也就是鸡汤文大谈特谈的"体会他人心情""学会换位思考"之类的。

到了这一步，阅读者的人格就基本成熟了，知道了责任与义务，能够担当人生使命了。但行百里者半九十，此时，阅读者还未形成更丰富的理性思维，他们在生活中会是好丈夫，在工作中会是听话的好员工，但这个丈夫是窝囊的，这个员工是没有创意的。

总之，这类人是社会的主流，也是最苦闷的。

宝宝们心里苦，但是他们不说，因为有第三个阶段在等待着他们。

/ 06 /

阅读的第三个阶段——史哲领域。

这个阶段的人是非常高雅的，非常有品位的。

他们往往是作为社会中流砥柱的中产阶级。他们有思想，有能力，智商高，会赚钱——但，只有他们自己才知道，他们无时无刻不忧心忡忡，老是有大祸临头的危机感。

中产阶级的危机感可以归结为政经问题，但本质是他们思维的深度挖掘不够，广度拓展不足。

这一层次的人，思维深度与网络上经常说起的"富人思维"有关，遇事不是看短期的利益，而是看长远的价值。所以，他们的思维又可以称为"价值型"或"长线思考型"，他们看问题更注重规则，比普通人多看出几百米的距离。

在思维广度上，这类人注重的不是自我，也不局限于周边。他们会把一个问题放在开放的社会环境下考量，所以他们的结论也往往充满智慧的闪光点，让人眼前一亮。

但，这还不够。中产阶级的心灵压力，只有在他们进入下一阶段后才会解除警报。

/ 07 /

阅读的第四个阶段——思想领域。

这类人的思考已经不再停留于狭隘的利益或是价值，更多的是注重延展性，注重现实的可操作性。这种注重源自他们的思维深度与广度获得了空前的拓展。

这时候，他们的思维深度不是看一件事是否合理，一项规则是否公正，而是看是否具有持久性。

有关这个持久性或可持续性，来源于他们的思维广度。这时候，他们注重的不是什么社会公正，也不是什么肤浅的道德评述，而是针对人性本身——许多你以为好的东西，未必符合人性，这些东西就不会获得存在的依据，更不可能持久。相反，一些你认为不好的东西，却是人性的天然流露，这时候，你对道德的观感也与此前大为不同。

说过了，危机感的警报只有在这个层次才会解除。但这时候的生活也是乏味的、沉重的，甚至有着一种苦行僧的悲情。

就是一个累字。

乐趣，只有在下一个阶段才会获得。

/ 08 /

进入阅读的第五个阶段后，就能够构建自我思想体系，再也不会遇到人生难题。

这类人的思维深度，就是高晓松所说的"诗和远方"。

没到这一层次的人，未必就没有诗，未必去不了远方。

但在这里，我们可以说个笑话。一只苍蝇，在泛美航空公司的飞机里周游了整个世界，但它没什么可炫耀的，飞得再远，它也仍然是一只苍蝇。

有位在美国的女士，网名"人生如诗"，在自己的博文里写道：

我的一个同学来美国8年了，他的英语还是没什么长进，白天在一个台湾人开的工厂里工作，晚上回家跟老婆讲中文，看中文电视。人虽然来到了美国，但从没走出中国人的圈子。讲中国话，吃中国饭，接触的都是中国人。有一个中国人，在国内曾经是英语老师，来到美国十几年，一直在中国餐馆工作，后来把英语全忘了。

没有思想的人，走出再远，其实还在起点。

一旦拥有了思想，也就有了俯瞰问题的全景视角。这时候，在你的视野里，不确定的人性也只不过是天地自然的一个偶然片段。唯有这种时候，才有可能生出悲悯之心，才能解脱自我或外部环境强加于你的所有束缚与羁绊，才能够获得心灵、精神与现实物质的多重自由。

/ 09 /

我们从阅读的角度剖析了思维的深度和广度。

但如前所述，即使是一个不读书的人，也未必是一个质胜文的野蛮人。现实是一本最好的教材，能够让人迅速成熟。许多不怎么读书的人，也能够达到思维的第三层，甚至第四层。

需要说明的是，学理工科的孩子，如果学理工而没有思想，最多不过是个低端的技工，无法进入创造的自由领域。

如果你希望走得更远，读书绝对是个讨巧的法子。**因为图书是人类智慧凝缩的精华，是我们通往自由王国的捷径。**

/ 10 /

最后，给大家留道习题：

话说罗素，英国的大哲学家，他年轻时，第一次世界大战爆发，同龄人纷纷当兵入伍，他却吊儿郎当、袖手旁观。有个老太太气愤地对他说：孩子，你的同龄人都去当兵打仗了，你却在这里游手好闲，不感觉惭愧吗？

罗素问道：为什么要打仗啊？

老太太回答：当然是保护文明。

罗素哈哈大笑起来，曰：老人家，我就是他们要保护的那种文明。

现在请回答，罗素的这句话，在思维的深度及广度的哪一层？老太太的责问，又在哪一层？

你的答案不重要。

重要的，是思考。

怎样才算是个聪明人？

/ 01 /

有位朋友说，中国的社会财富经历了权力货币、现金货币、房产货币三个阶段，已经进入估值货币时代。这是个资源价值大于现实货币，影响力大于资源价值的时代。

网络已经改变了我们的生活方式，昔往那些对网络敬而远之的人，都拥上网来寻找机会。

有位在写字楼工作的白领吐槽，说他上网后认了一个"大哥"，指点他使用网络的技巧，大哥丰富的人生经验和温和的耐心让他获益匪浅，钦服至极。忽一日，大哥曰最近不能上网了，因为他要去复习、考初中。吐槽兄说他当时就震惊了，好家伙，认了一个小学生当大哥，这真是有志不在年高呀。

学无先后，达者为师。这是合乎情理的。

但恼人的是，遭遇热点争论时，焉知把你驳得颜面全无的对手是人还是一条狗？

这时代最大的特点，是鱼龙混杂，泥沙俱下。想学习总不缺机会，要犯蠢更是常事。这样的时代，我们如何做，才能让自己成为一个聪明人呢？

/ 02 /

聪明人的第一个行为规范：**谁是谁非并不重要，对此问题的纠结多属不智**。

讲个老笑话。有个人出门，遇到一个人念叨：三七二十四……他就上前纠正：这位兄台，你差矣，三七是二十一。

对方摇头：你才差矣，你全家都差矣，三七明明是二十四嘛。

两人争论起来，对方一口咬定"三七二十四"，怎么说也说不明白。闹到最后，两人火大了，就相互揪住对方，去衙门讨个说法。

县太爷升堂，听了双方指控，当即一拍惊堂木：来呀，把那个说"三七二十一"的拉下去，扒掉裤子，给我狠狠地打！

哎呀，别！说"三七二十一"的急了：县太爷，你这个昏官，众所周知，三七二十一，我明明没错，为何要打我？

就听县太爷笑道：我当然知道三七二十一，是个人就知道——可是你的对手不知道！他都糊涂成这样了，你居然还和他争论，你说你是不是欠打？

这个老笑话的意思是说，在现实生活中，我们是不会与层次不同的人争论的。但到了网上，许多人往往就产生幻觉，干出无法理解的怪事。

几年前，有些大学生组织起来，去百度贴吧爆了韩剧粉的贴吧。事后人们才发现，韩剧粉吧里都是些读初中的小女生。一伙大学生，成群结队、气势汹汹地去砸初中小女孩的场子，这绝对是智障行为。

这些大学生，在现实中绝不会这样做，但在网络上，就当仁不让地犯起蠢来。原因就是，他们误以为网络上的人都是与他们年龄层次齐平的。干出蠢事却没有一个人出来解释道歉，于是我们知道，这类蠢行不会终止。

所以，纵然看到对方大谈你绝对不认同的观念，你也没必要动真火。哪怕对方有职业、有身份，如果观点与其社会地位不相称，那就是"三七二十四"类型的人。这种人，你和他争什么？

讨论问题是需要合适的对手的。**向水平高的请教，对水平差的微笑，不与智者辩，不与愚者争，这是一条重要的聪明人规范。**

/ 03 /

聪明人的第二个行为规范：**要尊重别人，体谅他人的难处。**

穷思维、富思维的说法最流行时，一群人在朋友圈中指责一个人的穷思维，要给他当头棒喝，强迫对方大胆地走出来。对方从此下线，再不在这个冰冷的圈子里出现。

事后，有了解情况的人说，被大家指责的人来自单亲家庭，母亲患有慢性病。他每天除了工作赚钱，就是陪床看护。而指责者根本不了解情况，一再要求他走出来。可是，他能往哪儿走？他走出来，你去替他照顾母亲吗？

很多人缩手缩脚、谨小慎微，并非如我们武断认为的不思进取，而是他们有难以启齿的难处。

家家有本难念的经，人人都有说不出的苦。如果我们意识不到这一点，一味地苛求别人，把自己的观念强加于人，我们就会失去淳朴的本性，变得阴狠冷酷、尖酸刻薄，这会对我们的心智造成强烈伤害。

/ 04 /

聪明人的第三个行为规范：**做个有追求的人，不要让自己成为问题。**

有个财经记者撰文称，他与近年的多名创业者有过接触，创业者有的成功，有的失败，有的不太成功也不算失败。成功了就有各种经验，失败了就有各种教训，但这些经验或是教训不足以服人。

实际上，创业者真正所受的影响来自他们的后方家庭——你会注意到，创业者比常人更多地依赖于他们的另一半。

成功者的另一半，多见事业型的，又或者是包容型的。倘若这二者皆不具备，创业者必然会后院起火。白天绞尽脑汁与各路人马斗智斗勇，晚上回家还要花更大的精力安抚后方，身处这种情况下的创业者，纵然事业有成，也会被折磨得支离憔悴、狼狈不堪。

相反，如果创业者的另一半是事业型的，有自己的追求，有自己的人生目标，并向目标持续挺进，这种类型的家庭，纵然事业做不大，也不会遭遇大的波折。

一个人时空虚寂寞冷，两个人时打掐骂撕咬。这是不成熟的人生，需要改善。要改善到进入有追求的阶段，有追求的人生才能活得充实、自如，才有快乐与幸福。

/ 05 /

聪明人的第四个行为规范：**头脑清晰，不说含义不明的话。**

有些人说话，口齿清晰、含义明确。这类人的脑子无疑是清醒的，是思考者类型。

还有些人，话是从他们嘴里说出来，但语句的意思，他们从未认真审视过——他们只不过是鹦鹉学舌，如录音机一样重复听来的语句。这类语句多数大而空，充满了抽象的臆造名词。

我们就不举例子了——大概是整体社会氛围的缘故吧，我们总是不由自主地重复耳畔回荡频率最高的语句，而不理会这语句荒谬与否。哪怕是再清醒的头脑，也难逃假大空语境气氛的毒化。

这就要求我们从常识出发，说话时只使用简单的名词、动词，抽象的词语一定要明确含义，表达观点时，不可超过20秒——超过20秒，倾听者会失去耐性，说话人会失去条理。现实生活中，除非是讲故事、对复杂问题的研讨分析或是做学术报告，否则，你根本用不着一句话说上这么长时间。

简短、明确、含义清晰，你话说得明白，一定是因为你脑子清晰。

/ 06 /

聪明人的第五个行为规范：**区分状态与问题。**

书到用时方恨少，事非经过不知难——人生是一门实践学科，许多事情，坐看是简单的，动手做起来，才知道什么叫磕磕碰碰。这个道理大家似乎都明白，但，有些习惯于奉从指令行事的人，就很难区分问题与状态。

问题是你必须解决而且理论上能够解决的；状态只是现状而已，是一个人的必然发展阶段。

比如说，年轻人刚刚进入社会，缺乏经验，这叫懵懂状态。所有人都是从这个阶段走过来的，如果为此苦恼，或是对此横加指责，那就是挑事了。

而手边的工作做不好，这叫问题。或是不够用心，或是不够娴熟，只要稍微投入点注意力，就能改善。

倘若把状态视为问题，那就活得很痛苦了，就会抱怨不休，叹息哀鸣，陷入绝望。

把问题当成状态，这也够悲惨。这种情况下，人就会拒绝努力，不相信改变有什么价值。这类人很难融入社会化大生产，如果不改变态度，就会被残酷淘汰。

能够区分状态与问题，就能够知进知退，逆势而上，就能比别人获得更高的自由度。

/ 07 /

聪明人的第六个行为规范：**不指责，只建议。**

人的天性是拒绝批评的——越是犯了错误的人，越是不肯接受批评。因为指责意味着对自己的智力或人格的否定。

有位妈妈在网上说，她家的小孩爱闹、多动，打碎了家里一只古董花瓶。母亲斥骂他，熊孩子眼泪汪汪地问：妈妈，在你心里，我比一只瓶子还重要吗？一句话问得母亲无言以对，讪讪住口。

这是个狡猾的熊孩子，他巧妙地把自己犯的错误偷换成他和古董花瓶哪个更重要——人在遭受指责时，大脑都会形成这种防御机制，或把错误事件替换成人本身，或把错误事件替换成其他事件，在心里营造出自己是个受害者的虚假感觉，从而滋生出强烈的对抗情绪。

所以，不要轻易说：你错了……

而是要说：这件事，如果这样做会不会好些？

做到把事与人厘清，会起到意想不到的效果。

/ 08 /

聪明人的第七个行为规范：**对事充满好奇，对人充满善意。**

人是天生具有好奇心的，正是这种好奇心，让人类走出东非大裂谷，后又将足迹印到了月球上。

但有些人的好奇心用的地方有点怪。

有位"网红"作家说，他有位远房姨婆，爱干净，有教养，对人和和气气。但街坊邻居天天在背后嘀咕，说这位姨婆曾跟一个裁缝私奔，生下一对双胞胎，丢到了路边；还说姨婆不止一个情人……其实，这些全都是没影子的事。但孩子们听了大人的议论，从此变得邪恶起来，再见到这位姨婆，就远远地吐唾沫、丢石头。

这些窥探他人隐私、诋毁他人清誉的人，不过是自己活在阴暗中，还把无知的孩子带入黑暗的心狱。

这位作家说：这世界上有两样事情最简单，一是花别人的钱，二是贬损别人的价值。而真正符合善良本意的事，难度就相当高。

但，做有难度的善良事会让自己活出价值，做轻松诋毁别人的事就会每况愈下，沦为人渣。

所以，好奇心一定要用到正地方，要学会尊重他人的隐私，对事充满好奇，对人充满善意。这会让你成为一个人品高贵的人，也是对自我最负责的人生态度。

/ 09 /

聪明人的第八个行为规范：**知人性之繁杂，守心灵之单纯。**

郭德纲在写给儿子的信中说：人生一世，极不容易。登天难，求人更难。黄连苦，无钱更苦。江湖险，人心更险。春冰薄，人情更薄。过去有句话，既落江湖内，便是薄命人……

之所以长吁短叹，只是因为人性太过纠结。

每个人都是义务园艺师，对朋友栽栽剪剪，这也不妥那也不对，你沉沦就要鼓励你绝地奋起，你上升就要拉你下来——只希望你不要太没出息，但你出息太大，又意味着对朋友们脆弱玻璃心的残酷伤害。

不知道人性纠结，或是拒绝接受的，就会时时刻刻感受到外界的压力。你知道了这些,就可以简单生活,岁月静好——尽量不在无意义的事情上浪费光阴,只做符合人性、建设你自身价值的事。

做到这一点,就是有智慧的纯净;做不到,就需要更多地洞悉人性。

/ 10 /

尘世之间,智商有下限,无上限。无论你多么聪明,多么有脑子,总会有你的专业盲区。在专业盲区内,再聪明的脑子,也接近于智障。

你最多是聪明一时,但大多数时候是蠢萌的。

如果你感觉自己居于智力中上游,多半是错了。

这是最后一条聪明人行为规范:任何时候你感觉自己好聪明,一定是在犯错。

高手都是饥饿思维

/ 01 /

卡内基梅隆大学有位教授,迈克尔·特里克。

年轻时,他致力于追求完美,对自己的爱情与婚姻忧心忡忡。他担心遇到不合适的妹子,草率成家,反而会因为心急错过好婚姻。为此,他苦攻数学,潜心计算他遇到最完美爱人的概率。

他研究发现,一个人选择完美爱人的概率,是37%。

假设迈克尔每年遇到的女性数量均等,那么他从18岁开始选择,在他26.1岁之前或之后,选择的爱人完美度都低于37%。

所以,他必须要在26.1岁那天,向遇到的最喜欢的姑娘求婚,这个姑娘成为他完美妻子的概率是最高的。

计算结果出来后,迈克尔就开启了"无情模式"。在还不到26.1岁之前,无论遇到多么好的姑娘,他都冷冰冰、不动心,就这样等啊等,等啊等,终于等到了他26.1岁的那天。他立即冲出门——时间紧急,他必须要选在26.1岁的时间点上求婚,错过这个时间,他此生再遇到完美爱人的概率，就会直线飙降。

终于，他在茫茫人海中，看到了那个让他怦然心动的妹子。

迈克尔冲过去，问道：嫁给我好吗？

妹子吃惊地望着他，大喊起来：来人啊，这里有只大色狼！

不是……那什么……迈克尔在被扭走之前，终于醒过神来了。

他的算法是没问题的。

问题在于，是别人不按他的算法来。

在26.1岁时，他遇到的心仪女性，确实是他最大概率的完美妻子——但是他，却不一定是人家的完美丈夫。就算是，人家也未必就非得答应他，何况还不认识。

可怜的迈克尔，就这样错过了他的"黄金择偶点"。那么他此后的人生，还结不结婚呢？结不结婚呢？

/02/

原始丛林中，有两个原始人。

一只叫阿饿，一只叫阿完。

阿饿总是很饥饿，阿完凡事求完美。

早晨起来，阿饿感觉很饿，摸起石斧，就去打猎了。

阿完震惊地看着阿饿，感觉这事好悬。你说你要打猎，可是猎物在哪里？如果猎物在东边，你去了西边，岂不是白折腾？如果猎物在北边，你去了南边，岂不是瞎胡闹？

阿完是个追求完美的原始人。

不完美，他宁肯不去做。

为了有一个完美的狩猎行动，阿完修订了一整天计划。

果然，阿饿折腾了一天，只是勉强弄到点食物，并没有减轻他的饥饿感。

所以，次日，阿饿更感饥饿，继续去打猎。

阿完继续修订计划。

几天过去了，阿饿意外地与一只大猎物相遇，他终于吃到一顿饱餐。然后，他扛着猎物回去，想和阿完分享，却发现阿完已经饿死了。临死，阿完的计划也未达到完美。

其实阿完并不知道，这世间，根本就不存在完美的计划。

只存在着完美的行动。

/ 03 /

乔布斯说：保持饥饿，保持愚蠢。

这句是什么意思呢？

他这句话，就是说给迈克尔教授听的！

迈克尔教授错就错在他选错了算法。婚姻爱情这种事，依据的是"生理算法"，而非理性算法。

生理算法源于人内心的饥饿，源自愚蠢。如孟子所说，"知好色则慕少艾"，少年生理成熟，见到异性就蠢蠢欲动，这种就是一种愚蠢的饥饿感。受其驱使，年轻人见了心仪的异性就各种表现，迫不及待地表白。如果不成，最多脸颊上多出个巴掌印，万一成了，生理饥饿感的问题就算是暂时解决了。

这就是乔布斯"保持饥饿，保持愚蠢"的本意。对事业的饥饿感与愚蠢，会促使人进入行动状态。如果一个人的心里少了这种非理性的力量，就会落入确定主义的陷阱。比如丛林中的原始人阿完，在确定猎物所在之前，他是不肯行动的，然而猎物是活的，呈移动状态。当你能够确定猎物所在时，猎物已经不在那里了。**最终，确定主义者活一辈子一无所获，只有饥饿主义者，才会得到他们所渴望的机会。**

由此，我们就知道，高手都是饥饿思维。而庸手，多是内心的欲望熄灭，都饿死了还没有感到饥饿的人。

/ 04 /

软件开发领域有句话：过早优化是万恶之源。

软件开发过程中，整个框架会反复调整。如果你过早优化一个分支，很可能在下次框架调整之时，这个分支就抛弃不要了，那么你花费在这个分支上的时间、精力和心血，便都没有意义了。

人生也是这样的，真正的高手，永远不会拘泥于枝节，而是把握人生观其大略的宏旨：

第一个，**能够俯瞰大局。**

俯瞰大局，是指对这个世界，以及自身所处的周边环境有大概的感觉。就如狩猎的原始人阿饿，他只要知道东边是山，西边有水就够了，至于山上的树木有多少棵，湖里的水量是多大，这些具体的细节，留在实践中慢慢揣摩。高手对这个世界的认知，也是如此，知道这个时代酝酿着巨大的变革，这就够了。至于变革中哪些行业会兴起，哪些行业会沉沦，这些事根本不需要知道，因为这些是不确定的。非要等不确定的一切变得确定了，只会让你失去机会。

第二个，**保持饥饿感或野心。**

高手都受着生命本能的驱动，表面上温文尔雅，心里却燃烧着熊熊的野火。野心让他们对行动充满专注，对他人的讥评无动于衷。如果一个人心里没有这种原始冲动，就会屈服于他人的评价，最终沦为一个以"凡事力求完美"为借口的拖延者。高手从不拖延，不是他们做得比别人更好，而是他们根本不在意别人的差评。

第三个，**拥有移动标靶意识。**

有人问，2020年以后的商业爆发点在哪里？风口在哪里？这就是典型的白痴问题，商业的爆发点或风口，如同海里的一尾游鱼，你问明年这条鱼在哪里，准备提前到那儿去捕捉，这就是缺乏移动意识的问题。未来的商业爆发点及风口，是不确定的波函数，会随着现在的商业互动而不断变化，时有时无，时强时弱。哪怕你捕捉到商机，也如同猎人碰巧捕到猎物，只是双方的移动路线交汇，而非依靠先知先觉的能力。这就是移动标靶意识。

第四个，**以概率思维为取舍**。

当我们说行动时，有些人就如阿完，生恐行动徒劳无益、枉费功夫。但真正的实践者如阿饿，他只是受饥饿感所驱使，不停地在山野游弋。他也许连续几天都见不到猎物，也有可能一天就打到一只大肥羊。行动者更注重运气，而运气的本质不过是概率。只要他在行动，只要他在不停地搜索，哪怕运气坏到家，那也不过是得之欣喜、失去无忧的人生过程。

如果你经常读人物传记，就会惊讶地发现：一些出名人物，他们的毛病似乎比普通人更多一些。这是因为高手都是行动者，行动者的人生是由一系列错误所构成的；而普通人不行动，反而错误更少。人生在世，犹如学生在课堂，优等生考试次数较多，做错题的概率更大；差生逢考试就逃学，是没做错题，但也没有人生成绩。相比之下，我们宁愿选择错误累累来成就人生，也不要人到晚年，手拿一张空白试卷懊悔。

人生赢家，
都懂这七种顶级思维

/ 01 /

今天有个"网红"，在网上说了段话：

有个问题我思考20年了，我真不懂，除非是大学毕业后从事与数学相关的工作，对普通人尤其是文科生来说，数学学到高中那个水平对未来生活究竟有什么用？何况绝大多数人一毕业就把知识还给老师了。与之类似的还有化学和物理。

这段话，堪称"妈妈给脑残开门，脑残到家了"。

你睡觉只占一个人的位置，可是床铺一定要比你的身体大出许多才行，如果有人抱怨多出来的那些地方是无用的，不需要的，这难道不脑残吗？

你去洗手间，要用手纸。可是一张手纸只会用一点点，大部分都被你"浪费"了，你何曾质疑过那些"浪费"的手纸是"没用"的？人生需要一个辗转腾挪的空间，若缺乏足够的移转空间，会把自己活活憋死的。

脑残喜欢拿文科说事。孔子是文科生，可是孔子年轻时替人家管理库房，创造了管理账目的方法。王阳明也是文科生，没学过数理化，可王阳明在督造工程时，自己琢磨出了运筹学，提升了工程建设的效率。智慧没有文理之分，而会洞穿表象，直抵本质。认识不到这一点的人，真是枉读书。

真正的高手，都有数学思维。

人生赢家，都是把数学方法运用到实践中的人。

/ 02 /

人生自如，顺风顺水的人，多数都掌握了以下几种思维：

第一个是**概率思维**。

数学有门课，叫概率论，学懂这门课，智力就会飙升。

不懂概率论的孩子走在街上，迎面走来个美女，他怦然心动，但感觉自己应该没戏，就自卑地放弃了。

懂概率论的孩子，看到美女，立即展开计算：我长得丑，姑娘长得美，那么她对我的好感，最高不过20%，还有80%是无感。

既然有20%的好感，我就可以走过去搭讪，只要我表现得得体、优雅、有风度，姑娘对我有好感的概率，就会嗖嗖嗖上升，从20%升到50%。如果姑娘知道我懂概率论，她对我有好感的概率就会飙升到80%。我就可以约姑娘去看场电影，回来的路上牵起姑娘的手，她对我有好感的概率就会升至100%，那么我们两个，就可以在一起了。

《水浒传》中，潘金莲与西门庆本无缘。但出来了一个懂概率论的王婆。这货给西门庆支招：我先约小潘妹子出来，你在门外说句话，如果小潘不反感，你就有10%的机会了。然后你进来，跟她打个招呼，如果她仍不反感，你就有20%的机会了。然后我出去，留下你们俩在一起，你就有30%的机会了。然后你俩约饭局，如果她还不反感，你就有40%的机会了……这是《水浒传》中智力含量颇高的"王婆说风情"。不懂概率论，哪有风情可言？

概率论同样能用来计算人生事业。你想谋事，刚开始没有条件，没有基础，成功的概率极低，但随着你的努力，一点点地提升自己，再抓住环境变化带来的机会，就很容易获得事业成功。

学会概率论的人，有无数个选择。

不懂概率的人，只有成或不成，但事情开始时多半不具备条件，所以极易放弃。

第二个，是**线性代数思维**。

中国人信因果。

不懂数学的人，只知道一因一果，一个原因注定导出一个结果。

但若你学了线性代数，就会恍然大悟：

世界不是这样子的。

任何事情，其实都是多因多果。比如你取得人生成绩，并不是单一要素，一定是多个因素集成，而且导致多个结果的。比如你追到女神，你的努力只占极少部分，还有许多因素起了作用，诸如姑娘的前男友正在赌气，不想理她。所以当你们在一起时，姑娘的前男友就会后悔，又返回头追，这就是多个因素导致多个结果，如果你知道这一点，人生就会更加从容。

第三个是**聚类分析思维**。

我大学毕业时的论文，就是研究它的。

数学是分类的科学，掌握了分类的法则，思维就会变得条理化。

比如我们听别人说话，知道他所表达的，有观点，有论据，还有事实。世上充满了各种矛盾的观点，都有各自的道理，我们只看论述者的论据，就可以判定此人的智力高低。逻辑性强的高手，论据一定合理到位，低智之人，论据往往充满情绪。在这个过程中，我们把这个人归类，找出他要表达的事实，解决问题时就会游刃有余。

不懂数学的人，其实也在努力分类，只是他们的分类太低端，无非好人坏人，忠臣奸臣，这种低级的分类，注定了他们人生会日趋逼仄。

第四个是**辅助线思维**。

你经常遇到一类数学题，复杂无比，令人茫然无绪。

但如果你在上面画条辅助线，把一个复杂的问题，拆解成几个小分支，就会豁然开朗。

人生也是这样，有些朋友感到困惑，感到茫然，不知从何下手。存在这种迷茫困惑，就是没有学会运用辅助线分解问题。所以老子说：天下难事，必做于易；天下大事，必做于细。可如果你不会运用辅助线，不会拆解人生问题，又该如何从一团乱麻中，找出细小的与容易的呢？

第五个是**追求不确定性**。

数学看起来似乎是确定的，1加1等于2。

但在二进制中，1加1是等于10的。

所以，数学是确定性与不确定性相互交织构成的网，正如我们的人生。

比如，单位有个晋升职位，你为了拿下它，就卖力苦干——可是竞争对手说，你就是个死干活的，得，你出局了。

那么你选择不干活了，这更要命了，你连工作都不认真干，又凭什么晋升？

所以你既要努力工作，还要与领导保持无障碍沟通，给后者稳重、历练、能干、有发展前程的好印象。这就是于不确定性中，捕捉到那一丝的确定性。如果你只注重确定性而忽略不确定性，就会在任何一个竞争场合出局。

第六个是**虚实思维**。

数学有门坑爹教程——复变函数。

在正常函数中，一个数的平方，必须是正值。

但在复变函数中，一个数的平方，居然是负数。

那么这门奇怪的科目，到底有什么用呢？

许多在实数领域无法解决的问题，在虚数领域能迎刃而解。

你看，这又是我们的人生。许多复杂的问题，现实中无法破局，你得先在抽象领域架构理论，再回到现实，问题就极易化解。所以有些人，只是读读简单的心灵鸡汤，人生就变得容易了；而另外一些人，你面传他人生真谛，他大叫这是毒鸡汤。为什么会有这种差别呢？就是因为后者这种二货，不懂数学啊！

第七个是**量子认知**。

如果你曾在大公司，或是大单位工作过一段时间，你会发现一桩怪奇之事。

当大公司或大单位的管理层发生争执时，大老板都会第一时间夹起皮包跑路。这是为什么呢？

真正有水平的大老板，都知道量子观测法则，观测者会和观测目标发生能量交换，进而导致波函数塌缩。

上面这段话的意思是：一件事会因为参与者的卷入而偏离方向。

当大公司、大单位的管理层发生争执，基本都是纯正的管理之争，效益与效率之争，如果大老板在场，争执就会变成"邀宠之争"，真正为公司前景的考虑少了，相互攻击与明枪暗箭就多了。

上面这个规律，同样也会发生在一些家庭中。有些家庭婆媳间发生争执，如果你瞪大眼睛仔细瞧，就知道都是媳妇的老公这二货在添乱。如果把这货赶出去，家里就会风平浪静。

数学到底是什么？

数学其实是我们现实世界的抽象法则。你在人世间遭遇到的任何一桩事，都会在数学体系中找到相对应的原理、公式与解题方法。这就是华尔街的操盘高手都要弄个应用数学或计算数学文凭的原因。弄不懂数学的人，生活往往一塌糊涂，读书也读不明白，因为缺少构建体系的数学思维，纵读书万本，也不明其义。这个世界，高手通常是从数学中获益的人，而脑残散布反智言论，只是想让世上再多几个脑残，好让他们不再那么孤单。

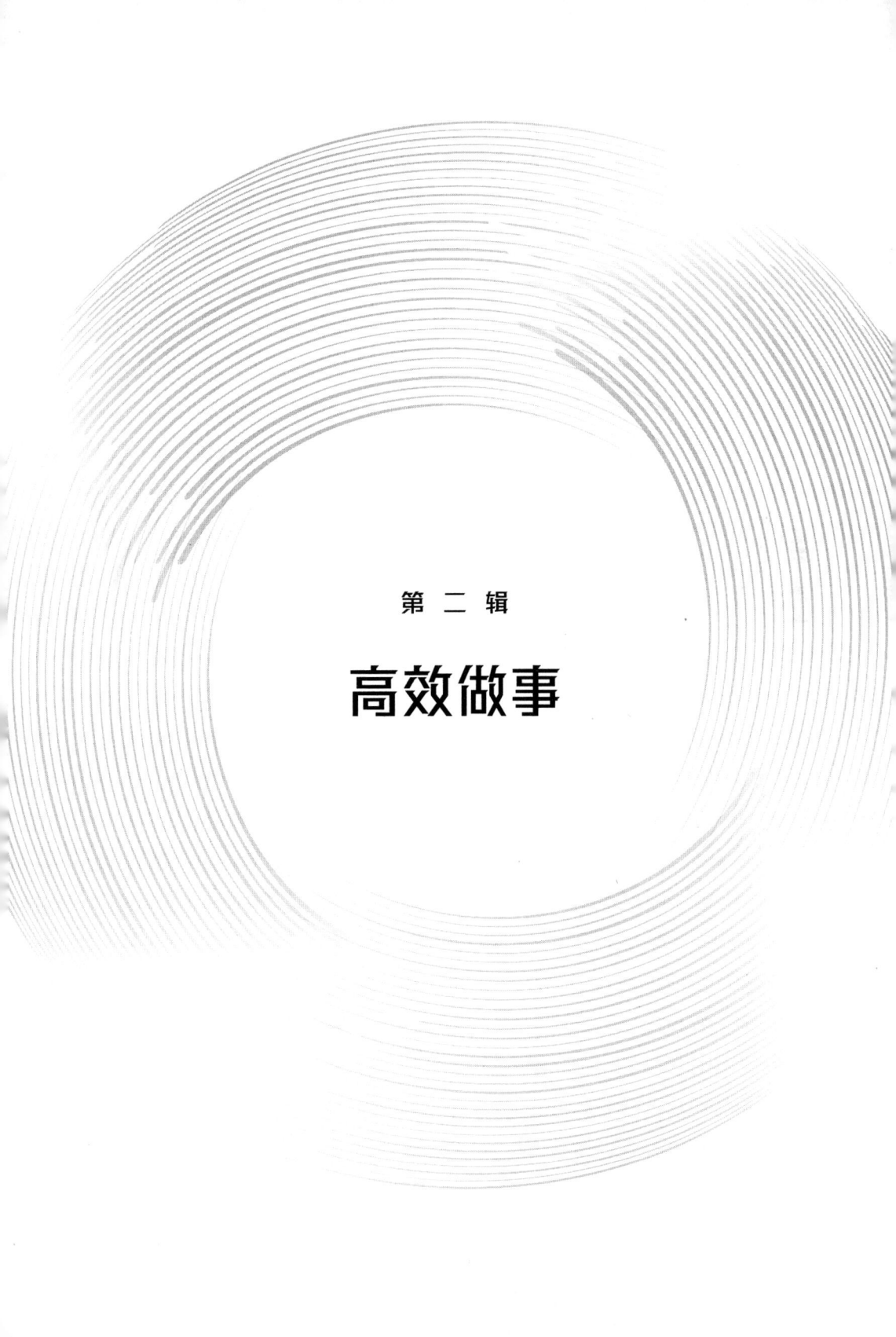

第 二 辑

高效做事

如何避免无用功？

/ 01 /

朋友给我讲了个新流行的段子：

今天去接我大哥出狱，我大哥当初因为走私被抓，在里面死活不肯透露最后一批货藏在哪里，被从重判了20年，今天终于出来了。出狱后，大哥一言不发，让我开车到郊区，仔细辨认了一天，找到了当初埋货的地方。我俩挖了半天，挖出一个大箱子。大哥看着大箱子，开始颤抖，紧紧地抓着我的手说：这批货一出手，我们就有钱了，这些年的苦也没白受，咱们一起过好日子！

我俩流着幸福的泪水，打开了箱子：满满一箱子BP机（寻呼机）！

听了这段子，我们哈哈大笑。笑着笑着，忽然感觉到……咦，好像这样的大哥，在我们身边真的有，而且不止一个。

/ 02 /

　　手机未普及时，BP机独步天下，超有品位。现在网上还时常能见到BP机时代的段子，说是有人在凌晨三点时被BP机的"嘀嘀"声吵醒，如临大敌地爬起来，拿过BP机一看，果然有条新讯息——姿势不对，起来重睡。

　　俱往矣，时代的变化犹如高速动车飙行，让落伍者不知今夕何夕。

　　我有个朋友，极是搞笑。手机时代初，他在IT行业呼风唤雨，后来改行玩化妆品，玩女性内衣，云山雾罩地嗨过几番，就自己开公司了。据说他刚开公司时，举止极端异常，添置办公用品时，对投影仪如临大敌，各部门屡次要求购置，他都坚决不允。

　　为什么不允呢？

　　原来，早年这老兄玩IT时，一台投影仪的售价是三万多元。于是，老兄心里就形成了投影仪是贵重物品的深刻印象。

　　当他获知现在一台投影仪两三千元甚至不用两千元，就能拿下时，他整个人都震惊了，嘴巴张大到能够钻进去一只猫。

　　这位兄台类似于段子中的大哥，固守着昔年老旧皇历，小心翼翼、不敢触碰，却不知道当年的昂贵物品早已是雨打花谢、落红满地了。

/ 03 /

　　此前，微信公众号里有个极稀奇的个案，说是有个年轻人，超喜欢游戏行业，毕业后就去一家游戏公司上班。家人对此无法理解，母亲一哭二闹三上吊，以服毒自杀相威胁，强迫年轻人辞了这份工作。然后，家人花了几十万元，费尽周折让他考上公务员。

　　终于朝九晚五了，家人长松了口气。

　　比中大彩概率还低的事情发生了，年轻人曾经待过的游戏公司居然上市了。当初那些在他手下工作的工友，一个个发达后飞往迈阿密或是芭堤雅海滩度假。当大家恣意享受生活时，年轻人正骑着他的自行车，顶风冒雨、吭哧瘪肚地去上班……

并非每家游戏公司都上市了，也不是每个公务员的前工友都成了土豪。说这个事，只是感觉这个故事的主角跟出狱门的大哥特别像。

/ 04 /

我曾在微信里说过一件事，我有个发小，超喜欢绘画，又有这方面的天分。但家人像抽了疯一样，坚决不允许他画画，用各种办法羞辱他、伤害他，目的就是逼迫他放弃这一爱好。

因为在家人眼里，只有考大学才是正道，画画什么的，只是玩，不能当饭吃——这家人的思想，就是以考大学为BP机，并认为这种贵重物品的价值永恒不变。

但最终贬值的是考大学，升值的是我发小的天资——他找到工作后，恃以立足吃饭的，仍然是他的绘画天资。倘若家人不那么短视，不把自己的无知强加于他，他的人生必然风生水起、大有可为。

你心里高不可攀的，或许只是一部迅速贬值的BP机。你为它付出的代价越大，结局越是悲哀。

大多数人比上面说的这几位更聪明些——他们拼命地追逐风尚，从未落伍。

但，这个过程满腹辛酸。

/ 05 /

我们的讲武堂上，有位朋友抱怨说：时代变化忒快，跟不上了……

这位朋友也曾是当地名噪一时的人物，早年胼手胝足地创业起家，骑着自行车风里雨里,坐着火车走南闯北。网络时代,他一马当先,从公司网站开始,各种商务平台都没落下,淘宝、微博、微信、App,能挤进去的,都尽量往上挤。

但是,效果都不理想。

他说:跟不上,总是轮到你的时候,规则就变了,你追在后面拼命地跑。这个时代太坑爹,太多的人,注定就是竹篮打水的命。

这位兄弟的感慨,绝非个案。

正是有这种感受的朋友多了,才催生出开篇那个吃牢饭大哥的段子。这个段子,一定是哪位感慨最强烈的老兄创作的。他试图表达一种无奈的观点:商海无常,昔日那些众人追捧的价值点,一夜之间就瓦解冰消,一文不值了。

这就是这个时代的残酷游戏——一切都在变,一切不确定。追赶风尚吧,不过是找死;停下不追吧,那就是等死。

追亦死,不追亦死,然则何时而活哉?

除非你独具慧眼,于纷繁乱象中捕捉到那永恒不变的。否则的话,这种茫然的追逐只会枉然、徒劳。

/ 06 /

非洲猎豹在追赶猎物时,奔逐的路线是一条弧线。

还有鱼鹰,在捕捉游鱼时,不是直奔着鱼儿扑过去,而是扑向略微超前一点点的位置。

为什么它们不走直线呢?不是说直线的距离最短吗?

直线距离固然是最短的,奈何猎物是会移动的。如果奔着猎物直线冲过去,当你冲到时,人家猎物早就向前奔出70米了。

对于移动中的猎物,追逐时必须计算它的行奔速度与方向,要在前方一个点上与其会合,恰到好处地将其扑倒。

这只是生物的本能。

重复一遍，这只是低等生物的本能——但有些自诩为万物之灵的两足灵长类动物，竟然连这本能的意识都没有。他们是最笨的猎豹，是最蠢的鱼鹰，追逐猎物时只管直线前进，等他们冲到目的地，猎物已经扬长而去。

正因为这样，段子里的BP机大哥才呈现出爆笑的效果。

不知今夕何夕，仍然视电子易耗品为昂贵资产的兄台，那些对游戏产业存有强烈偏见，不知道一个泛娱乐时代姗姗到来的人，那些不珍视孩子的天资和特长，肆意践踏、粗暴压制的人，这些人的智商被猎豹、鱼鹰这类野生动物粗暴地甩出几百条街。

为什么有些人会丧失本能，而另外一些人拼命在商海大潮中追逐，累到吐血累成狗，却徒唤奈何呢？

无他——过于短视而功利，让我们许多人丧失了生存的智慧。

/ 07 /

蔡康永有篇文章《别问"这有什么用"》，曾在网上非常流行。

文章大意是说，有些人，短视而又功利，他们就好像上好发条的娃娃，你只要拍一下他们的后脑，他们就会理直气壮地问：这有什么用？

我想学舞台剧。这有什么用？

我正在读《追忆似水年华》。这有什么用？

我会弹巴赫了。这有什么用？

我会辨认楝树了。这有什么用？

……

蔡康永傲娇地说："这是我最不习惯回答的问题"，"人生不是拿来用的！"。

人生到底是不是拿来用的，这事不好说。但，凡事必问"有什么用"

的人,最有可能丧失本能的智慧,沦为不如野生动物的悲哀者。

问出"有什么用"这个问题的人,他的大脑是静止的,就以为整个世界是停滞的;他的思维是固化的,就以为世界是固定的。

早年有个段子,说法拉第发现了电磁感应现象,他欣喜若狂地拿出来显摆,不料,现场一位女士问道:这有什么用?

法拉第气愤地反问道:夫人,刚出生的婴儿有什么用?

这个回答告诉我们:**最新的、最具经济潜力的、终将引领未来风潮的东西,正处于无用状态,于无用地带悄然成长。**

那些只追求有用的人,永远不会关注无用之物。他们就像那位在互联网时代穷追不舍的仁兄,总是在昙花开过才匆匆赶到现场,总是在风浪过后才匆匆赶来观潮,总是落后时代半拍,总是轮到他们规则就变了。

并非轮到他们,规则就变了,而是规则始终在悄然变化中——昔日那些边缘地带的、无用的东西正在缓慢地成为主流。新的游戏,自然是新的规则、新的玩法。大脑固化的人,时刻面临着新规则、新玩法的挑战与冲击。

抱怨没有意义,必须改变自我的短视思维,进入新时代前沿。这样的人生,才能玩得开心快意。

/ 08 /

高晓松曰:生活不止眼前的苟且,还有诗和远方。

"眼前的苟且",是对生存资源匮乏的无奈。许多孩子受环境拖累,在不理想的状态中挣扎。这种生存状态,严重损害了孩子们的智力,让他们不得不追逐眼前价值最大的东西。

饭都没的吃,你还跟人家说"诗和远方",这是最典型不过的"何不食肉糜"——西晋的白痴皇帝司马衷,听说民间饥荒,百姓活活饿死,惊讶地问:没有粮食,为啥不吃肉粥呢?

诗和远方，是美味的肉粥。处于不理想状态中的人，断不敢做如是之想。

生活的残酷就在这里，当你不敢想这些东西时，就是你的智力严重受损的开始。

有篇研究报告称，第二次世界大战后，许多人从大屠杀中被解救出来，重新过上了体面富足的生活。但是，他们中的有些人有着奇怪的习惯，无论市场上的食物多么充足，他们仍担心食物不够，不断地购买。冰箱里的食物因为存放过久而过期，却仍然舍不得丢掉。对这些人来说，饥饿的记忆是如此深刻，已经严重改变了他们的基因。

短缺的心，是有惯性的。

短缺带来的思维惯性，让有些人在时过境迁之后仍然抱着贬值的BP机、投影仪，或是某种职业、某个人生方向不放。

对短缺记忆的顽强坚守，造成了有些人丧失猎豹与鱼鹰的本能，在追逐猎物时不走弧线，而是直线狂奔。

于是，他们持续地成为落伍者，持续地陷入短缺中。

/ 09 /

我们都有一颗短缺的心，只是方向各异，轻重不同。

所以，我们需要认真地审视自己的人生——苏格拉底说，未经审视的人生不值得过。之所以不值得，大概就是因为我们都有短缺行为的惯性，痴迷地专注于自认有价值，实则已被淘汰的信念。

即使我们审视自身，也很难发现自己的心智缺陷——相反，我们每个人都拥有一眼辨识出别人的思维陷阱的能力，偏偏就是看不清楚自己。就如同我的一个学生所说的那样，眼睛能看到万事万物，偏偏看不到眼睛自己。

因此，我们需要朋友，需要他们的毒舌、慧心来帮助我们认清自我。

我们还需要自嘲的幽默智慧，在遭到朋友们的无情否定时，不要本能地对抗，而要以自嘲化解窘迫，然后慢慢反思。

我们最应该知道的是，人世无常，一切都在激烈的变化中。今天最明确的目标，明天就必须加以调整。成功的方向应该是一条弧线，不要做累死的直线狗，时刻关注周边，调整人生奔行的方向。

切记，一切变化中，永恒不变的是人际交易节点。一切变化，都围绕着交易发生。牢记这一点，就知道哪些东西能够长留，哪些东西不过转瞬即逝。

最后要说的是，功不唐捐，积极的人生没有无用功。说一件东西没用，其实不过是我们自己没用，那应该是我们的人生价值还未得以全面开发。当我们的价值被开发出来，成为一个有用的人，这时候，那曾经无用的一切，全都会体现出它们的前瞻性。

强大的学习能力从何而来?

/ 01 /

袁世凯,亲手缔造北洋新军的显赫之人,年轻时却很惨,文不成武不就,没人拿他当回事。

没人懂他,袁世凯好不郁闷。

他看准了,清帝国需要一支强大的新式陆军,但这是举目大清帝国,从未有人玩过的花活。

于是,袁世凯就琢磨,既然……既然这活谁也干不了,要不咱来试试?

可是,想要获得训练新军的许可,至少得先证明自己是个专业人士。兵书什么的,这玩意总得写上一两本。

可是,年轻的袁世凯还写不了兵书。那咋办呢?要不,咱们找人代笔?

于是,袁世凯找人代笔写了部兵书,呈递到朝廷上去,又走关系拉门路,最终被授职训练新军。

记载表明,袁世凯置练新军,是非常成功的。他实际上是边干边学,就连学习的方式,也极端另类、出位。

比如说，日本有个尾川少佐，以顾问官的身份来到袁世凯身边，琢磨着弄点情报啥的，不承想被袁世凯逮到，当即关入小黑屋。袁世凯强迫尾川没日没夜地替他翻译西洋兵书。尾川翻译啊翻译，终于有一天，他崩溃了，心里说：咱是干啥的呀？咱是个间谍呀，你见过间谍被人当成拉磨的驴，没日没夜翻译兵书的吗？

感觉自己丢尽了间谍的脸，尾川少佐悲愤地自杀了。

而袁世凯的新军，就是踩着尾川这类蠢萌间谍的尸骨建立起来的。

袁世凯是不学有术之人，别看这厮没学历、没文凭，但学习能力超级强悍，所以他才能够成为历史上的风云人物。

/ 02 /

袁世凯死后，北洋军阀自家掐咬起来。这段历史，又称北洋混战。

北洋军阀中有个张敬尧，地地道道的土匪出身，不读书不识字，但治军有一套，算是号人物。

张敬尧治湘时，遭到当地各方势力驱赶，被迫出逃。

他逃去投奔北洋袍泽冯玉祥，心说都是自家兄弟，肯定会罩着咱吧？不承想，冯玉祥最讨厌张敬尧，正愁找不到机会杀他，如今他自己送上门来，冯玉祥大喜。

于是，冯玉祥拿来两部大厚书，放到张敬尧面前：听好了小张，不是我冯玉祥辣手无情，非杀你不可，只因你贪而且暴，不杀你没天理。但你我好歹兄弟一场，就再给你个机会，除非你能够把这两本书读懂，否则就把你推出去斩了，以正军法。

啥？张敬尧惊呆了：我说老冯你啥意思？你明明知道我不识字……

冯玉祥笑道：你不识字，关我屁事？反正这书你读不懂，就绑赴法场……说罢，扬长而去。

过了一段时间，冯玉祥想起张敬尧来，就兴冲冲地去问：小张，书读懂了没有？没读懂就没办法了，军法无情啊……

不料，冯玉祥一进门，张敬尧站起来一个立正，大嘴一张，哇哇哇，竟然背诵起那两本书来。

冯玉祥惊呆了：不是，小张，你明明不识字……明白了明白了，你一个不识字的土匪，能得到袁世凯的赏识，那是因为你的学习能力超强，不是这一手，你这种蠢夫，根本不可能在北洋混出来……

从此，冯玉祥对张敬尧的印象大为改观，虽仍不齿于他的人品，但被他在绝境中表现出来的学习能力惊到了，最终没有杀他。

/ 03 /

晚清时，因为八国联军侵华，清帝国被迫赔了好大一笔钱。

当时的美国国务卿海约翰嘀咕说：庚子赔款，数额有点太大了，这样欺负善良的中国人，真的好吗？

遂有美国伊利诺伊大学校长埃德蒙·詹姆斯等人向美国总统西奥多·罗斯福建议，将中国的庚子赔款退还一部分，专门用于在中国开办和补贴学校。

在清帝国这边，这笔钱就称为"庚子赔款奖学金"。辛亥革命前夕，青年胡适考取了"庚子赔款奖学金"留学生，去美国读书。

胡适家贫，只能读免费的美国的农学院。

当时农学院的课程有洗马、套车、赶车等，这些胡适勉强能应付。但等上课时，老师拿来一堆苹果，让同学们分类，胡适顿时就崩溃了。

同学们全都是当地的农家子弟，苹果从小吃到大，看都不用看，就知道怎么分类。胡适就惨了，他拿着手册左分右归，最后还是错了一大半。

一怒之下，胡适离开农学院，转入文学院。这下子，他的特长发挥了出来，一口气拿到了历史学、文学和哲学等30多个荣誉博士。

尽管有"败走苹果门"的悲惨记录，但30多个荣誉博士证明了胡适有很强的跨界学习能力。

如胡适这样的人，在当时并不罕见——即使现在也不缺。

/ 04 /

网上有篇文章，说发帖者遇到的最强跨界事件。

文章说，一年前，他家里安装宽带，来了个技术员，很专业、很周到，这个年轻的技术员给他留下了深刻印象。

半年后，他在一家电器城又遇到这个技术员——但他已经不再是技术员了，而是销售员，正在熟练地售卖数码产品。

从宽带到数码产品，这跨界跨得还不算大。两个月后，他去一家生意火爆的大排档，惊恐地发现，那个前宽带技术员、后来的数码产品销售员，现在竟然是大排档的厨师，正娴熟地抖动着手里的炒锅。帖主便点了他做的菜，尝一尝，味道真心不错。

两个月后，帖主去修车，竟然又在车行遇到了这个技术员、销售员和厨师三位一体的家伙，这货逆天了，他现在是车行最熟练的修车师傅……

这位不知名的兄台比前面的几个特例更有价值。你可以注意到，他在短短两年内，追随着最火爆的利润产业而行。宽带火他玩宽带，宽带装好他玩数码，眨眼工夫，这个产业的利润已经被摊薄，于是，他转而成为当时最红火的厨师。而后他发现，私家车时代，汽车维修是个不错的营生。

什么火他玩什么，跨界不过小意思。

/ 05 /

排列这几桩事，你可以看到，有些人是有超强学习能力的——但也仅限于某些特定范畴。

袁世凯，这厮是晚清时的奇人怪才，政治他懂，军事他懂，经济他懂，文化他也懂，中国的现代式学校，有许多是他亲手操办起来的。这么个伶俐人，却最怕科举。他曾跟晚清状元郎张謇学习，越学成绩越差，最后张謇愤怒地说：出去！不许说我是你老师，我丢不起那人……

张敬尧，时代变迁时的人物，但在绝境时的表现，效果惊人。

胡适，他能得到30多个荣誉博士，但给美国当地产的苹果分类，这事他无论如何都玩不明白。

最后那位跨界者，虽然他玩得有点嗨，但始终停留在最底层的操作面上。不是他喜欢跨界，只不过他所在的行业如春日薄冰，一旦融化就无所依凭，不得不拼争改行而已。

并不是每个人都能适应任何一个时代，也不是每个人都能适应任何一个行业。

幸运的是，人并不需要适合所有的时代，活在当下就妥妥的；也不需要适应所有行业，找到对自己脾胃的，就足矣。

/ 06 /

此前，美国有位妈妈状告幼儿园，就因为幼儿园教导孩子时，在黑板上画了个圈，并告诉孩子们这是零。

这位妈妈指责说，幼儿园把一个具有无限想象空间的圆圈规定为零，这严重伤害了孩子的想象力。因此，她要求幼儿园赔偿巨款……

这个真实性有待验证的段子，实质是成长教育的先声。

西方人太富有了，他们不需要血拼高考，而是花大精力，潜心寻找最适合每个孩子的教育方式。所谓成长教育，不过是对抗知识工具化的恶潮，回归常识认知而已。

简单说，工业化不过是科学的衍生品。但这个衍生品，反过来强制性地扭曲了教育本身——许多人上大学，目的是找个好工作，不得不硬着头皮学点杂七杂八的东西，这种对教育的异化，最终形成了以最大的愚蠢主导教育的现实。

我们经常说智商智商，这就给人一个极强的印象，某些人天生就比另外一些人聪明，智商总量固定不变。一旦有谁测到自己智商低，无异于判了死刑。

其实，哪怕是拿脚指头去想，都知道智商之说不靠谱。

设若智商这玩意管用，那大家还学个屁呀，赶紧给孩子们测智商，高智商的去嗨皮，低智商的去挖煤，这不结了吗？

实际上，人的智商是飘忽不定的。受到鼓励，情绪高涨时，大脑就会异常活跃，说不定连爱因斯坦都望尘莫及。而当心情郁闷，情绪低落时，人的智力会直线下降，干出把人蠢哭的糗事来。

/ 07 /

曾有个老师对我说，老师对孩子智商的影响太大了，大到了怕人的地步。

他说，他小时候，遇到个老师看他不顺眼，经常在课堂上取笑他，这让他的情绪低落消沉，原本很好的成绩一下子掉下来。那是他人生最黑暗的时光，越努力，效果越差。他知道自己遇到了麻烦，就向家长求助。可万万没想到，家长出面后，非但没改善他在学校里的处境，反而让情形恶化了。据他猜测，可能是老师发现他家里赤贫无依，更加肆无忌惮，让他犹如生活在地狱中，多次有过寻短见的念头。

幸运的是，对他有成见的老师患病住院了，新来的老师一碗水端平。于是，他咬牙发狠，成绩突飞猛进，最终考上了师范——他说，如果不是那段时间的折磨，他相信自己会去一所更好的学校。

但师范已经不错了，他只希望自己对学生好一点，别再让自己的遭遇在孩子们身上重演。

这样的事，我们可以举出许多。比如说企业中，受到主管斥骂的员工就会手忙脚乱，越心慌，犯下的低级错误越多。而获得嘉奖者就会扬扬得意，处理起工作来越发顺手。

/ 08 /

我们说学习能力强的人，就是指能认识到自己的智力或能力起伏不定的人。

他们知道，自己的大脑是不确定的，情绪好就表现好，情绪差就表现差。人的智商实际上是一条波动曲线，忽高忽低，上下浮动。

不唯智商不确定，就连这世上的许多事物、许多道理，也不确定。

人的思考从不确定出发，终止于确定性。

说一个人头脑僵化，就是指他大脑中确定不移的东西太多。都已经确定了，还思考什么？

确定性越高，表现就越冥顽，学习能力就越弱。

想要获得强大的智力推动，具备自我学习能力，首先必须审视自己脑子中那些固化的东西。不摧毁这些，就无以前行。

我们思维固化成形的，有观念，有结论，有环境，还有对人和事物的看法。

这其中，任何一个固定的结论都是我们智力的边界，是我们无法获得强学习能力的症结。

必须摧毁那些固化的观念。你认为人应该是自由的，还是应该建立规范的秩序？唯有不确定性的状态能够促进人的思考，我们必须寻求这种状态，并让自己停留在其中。

必须摧毁固化的结论。一切结论只是当时情境的暂时状态，结论在你脑子里，但世界会继续流动。你的结论分分钟都在被推翻，无视这一点，就会成为落后于时代的蠢人。

必须摧毁固化的环境认知。无论你怎么看待这个世界,都会找到反例。要留心这些反例,所有反例都标志着变化,标志着未来的方向。无论你是否喜欢这个方向,变化时刻在发生。

变化已经发生,只是尚未普及。这世界有一条残忍至极的规律——趋势的变化与你希望的正相反。这是因为人类社会呈博弈态势,今是昨非,朝花夕灭。人无愚智,或有冥顽,所谓学习能力强,无非是有意识地去摧毁自我冥顽认知。你脑子中的固化区域越少,你的思维就越灵动,智力就越靠谱——但即使是这个观念,也是需要加以摧毁的。

我们需要的,永远是针对自我的解决方案。

而这,只有在认知及吸收他人的观念,与自己的思维融合之后,才会发生。

如何掌握高水准的判断力?

/ 01 /

网络时代,判断力比以往任何时代都更重要。

网络拉近了人与人的距离,让你目睹许多陌生事物,每一天的鸡飞狗跳,都会引来人群的高度亢奋。一旦判断出现分歧,就形成了网络热点。

比如说,此前的预防针事件,有一方人士说:没关系,预防针虽然失效了,但并没有毒,没必要恐慌。

另一方人士则说:孩子打预防针是为了预防疾病的,花钱打了预防针却不能防病,这明摆着是坑爹呀。这就好比你去饭店点菜,对方给你上一桶泔水,还告诉你泔水没毒,你乐意吗?

这就是两种判断的网络对峙。

我们不说谁是谁非,也不好说谁愚谁智。但我们发现,争执的双方相互指斥对方为傻×。傻×,当然是智力靠不住的意思。

这样的现实,就要求我们运用批判性思维,于纷繁的乱局中,弄清楚哪一种判断才是真正有价值的。

/ 02 /

比判断本身更重要的，是判断的依据。

掌握了这个依据，就能够透过现象直达本质，就意味着我们的智商还勉强够用。至少在被人家卖掉时，不会那么积极地数钱。

失去判断能力，我们就容易被表面的假象蒙蔽，混得糊涂，活得憋屈，一辈子不过是人家手里的玩偶，没什么快乐可言。

简单说来，**人类社会中的判断行为大致有六种：情绪判断、偏好判断、利益判断、规则判断、价值判断与是非判断。**

根据问题的不同，大家的判断标准也不同。如果错用了标准，比如在是非判断上采用情绪判断，就会犯下不靠谱的错误。

现在，我们来说说这几种判断的区别。

/ 03 /

人类的判断能力是从情绪判断起步，慢慢成熟起来的。

什么叫情绪判断呢？

比如说，网上有人写了条说说，吐槽他那惊人奇葩的发小，说发小在幼儿园时就特别招人烦。

怎么招人烦呢？这孩子特别固执。阿姨分饼干时，给他一块，他嫌少，就号啕大哭。阿姨急忙再给他加一块，可是他哭得更凶了，这次他嫌太多了。

多也不行，少也不行，那就给他一块半吧。不承想，孩子哭得更厉害了，因为他嫌半块饼干是掰开的。

要几块饼干不重要，我们要说的是这孩子的表现，当要求没有被满足，就采取激烈的号哭手段，这种纯粹情绪化的固执就是典型的情绪判断。

等孩子长大了，这种行为就明显减少了——但有些人，耽于情绪判断中，始终无法摆脱。

/ 04 /

那个幼儿园的熊孩子长大了，到了恋爱阶段，又纠结起来。

遇到个高个头女孩，担心人家气场太强，压不住；想找个小鸟依人型的，又嫌太累，伺候不起。找个漂亮的怕跑了，找个有钱的怕没自尊。就这样蹉跎了几年，最后想，干脆算了，找个合适的就行。可这时他才发现，纠结的他对任何女孩而言都不合适。只好降格以求，求偶条件降低到是个能喘气的女生就行。但他惊讶地发现，就连这两个条件都明显偏高了……

总之，他在求偶过程中，表现出来的仍是幼儿时期的任性。这让我们意识到，情绪判断对一个成年人来说，是多么不合时宜、耽误正事。

还有些人，貌似摆脱了情绪判断，却一头栽进偏好判断的泥坑里。这类人的数量，就有点庞大了。

有个大学生在网上发帖，言称他的寝室里都是北方人，天天热烈地讨论吃饺子，他插不上嘴，感觉好没存在感。也不知哪个缺德大哥，给他出了个损招。等到下次同寝室的北方室友又在热烈讨论饺子时，他冷不丁地掷出一个问题：什么馅的饺子最好吃？

这下可好，原本是铁板一块的北方阵营立即土崩瓦解，分裂成若干个不同的派别，有"鸡蛋派""牛肉帮""大葱党""猪肉联盟"外加"胡萝卜统一阵线"，从此这个寝室再无一日安宁。

别看这些孩子很蠢萌，这其实是人的天性。有相当数量的人，终其一生的评判标准，建立在自我偏好上。

有些人，误以为自己是世界中心，以自己的口味、审美、习惯和嗜好作为对人或事物的评判标准。不好说这种标准有什么不妥，但其稚嫩是显而易见的。

这种完全出自个人偏好的评判，不过是情绪判断的升级版。

等你意识到偏好不重要，客观存在才关键，这时候，较为成熟的判断力才会慢慢形成。

/ 05 /

成熟的判断是先从利益判断开始的。所谓利益判断，就是依据事件是否对自己有利做出评判。

利益评判，很难说清楚是非，它是人类社会在资源不足的情形下的艰难调配过程。简单来说就是，利益评判是博弈态势的，虽然不能说是彻底的零和，但有明显的排他性。

前几年有个笑话，某地准备投资，只有一笔钱，但有两个项目：一个是建一所小学，另一个是建一所监狱。

教育无疑是非常重要的，但监狱这种设施少了也不妥。到底该建哪个呢？举棋不定时，有个参与决策的人说了句：大家想想，你们这辈子，还会进小学读书吗？但监狱……你们懂得。

众决策者恍然大悟，立即全票通过建监狱……

这虽然是个段子，却是典型的利益判断。举个正经点的例子，某个社区有一笔资金，是用来建老年活动中心呢，还是建儿童乐园？建哪个都有必要，但钱就这么多，只能建一个，这又该如何取舍？

利益判断是个社会两难选择，屏蔽任何一方，你的选择都是堂堂正正、掷地有声的。唯有二者的权衡，才知道什么叫割舍不下。

/ 06 /

一旦利益判断有了充足的经验，就形成了规则判断——到了这一步，就进入社会观察的智慧阶段。许多人在这时会"脑洞"大开惊呼连连，三观尽毁颠覆不断，心智于激烈对抗中走向成熟。

什么叫规则判断呢？

这个世界，一切规则都意味着不公平。没有规则，就没有公正，但任何规则本身又意味着对其他类型的公正的蔑视。

举例来说，某地举行西瓜大赛，组委会讨论赛事的评选标准，请瓜农们发表意见。结果这一发表，就乱了套。

老张说：西瓜大赛嘛，当然要以最大个的西瓜为准。我家的西瓜最大，冠军应该归我。

老王说：西瓜是用来吃的，要以甜为标准。我种的西瓜最甜，冠军应该是我。

老李说：现在是什么时代？标准化时代！凡事讲究标准化。我家的西瓜大小统一、形态一致，是世界上最完美的西瓜，所以冠军是我才对。

老赵说：亲，听我给你们上堂农耕课吧。农作物讲究的是什么？是产量！我种植的西瓜田产量最高，冠军当然要给我。

……

你看看，就这么个西瓜，其衡量标准都会引发大规模冲突，倘若口味党、产地党及外貌协会和偏好人士再搅和进来，你就知道，什么叫人多嘴杂，什么又叫激烈探讨。

其实哪有什么探讨，就是不同规则隐秘地大吵架。

/ 07 /

人的智慧，只有经过规则判断的洗礼，才能逐渐形成。而最终形成的，就是良好的价值判断。

所谓价值判断，实际上就是三观中的价值观。价值观是个很low很low的东西，但弄不明白这玩意的人，人生会更low。

价值判断有两个层次，底层是我们打小被老师和家长耳提面命的是非善恶的辨析，也就是是非判断。

绝大多数人，在大是大非上都是有清醒认识的，都知道银行的钱不能随便拿，敢拿就会被请去吃牢饭；也都知道街头偶遇的美女不能直接推倒，硬推就会被打个半死。

但老实说，有些人在是非判断上是极糊涂的。他们之所以不冲入银行抓把钱就跑，只是因为害怕被抓到。这些人所谓的是非判断，只是出于对后果的恐惧，并非源自思维的明晰认知。

他们最容易犯的错误，是将规则判断与是非判断混淆。把通过规则判断获得的商业机会视为钻空子，进而认为人只有变坏才能赚到钱。这种认知甚至形成了市井流行语——"男人有钱就变坏，女人变坏就有钱"，诸如此类。

实际上，男人有钱与变坏并没有直接关联。没钱还坏的男人也不少见，只不过这类坏人通常会把自己伪装成不公正社会的牺牲品。

当有些人沉浸在自欺的快感中，把自己未能获得经济自由曲解为自己人品太好、不够坏，从而获得心理平衡时，他们对是非及规则的判断能力基本上就丧失了。

而这，就意味着他们的智商不再靠谱，连带着价值判断的下一个层次——先后次序的判断能力也彻底丧失了。

/ 08 /

一个人的智力，终究要落实在具体行动上。

具体来说，就是先有了明晰的是非判断，知道哪些事不可为，哪些事必须做。而后，是必须为之的先后次序。

比如，你能够确信，争取经济自由的权利只能来自个人的社会选择与行为能力，而不能靠猫三狗四的施舍。这时候的你，就会着手于强大自我。

强大自我，第一步铁定是形成自我学习能力。因为现实是复杂的，每一天的局面都与此前不同，没有学习能力的人，就如同不会走路的蜗牛，只能在滚滚车流中艰难爬行——爬不远，就会被碾压成泥了。

养成学习能力的第一步，或读书，或是向有思想、有见解的人求教——但如果你的是非判断出了问题，认为获得经济自由的人都是大坏蛋，那么你就会坚信"读书无用论"，就会认为学习能力再强也没有什么用。

总之，你的判断力有多明晰，你的智商就有多高，你的人生成就就有多么高远。

/ 09 /

当我们意识到人与人的区别就在于各自拥有不同层次的判断力时，我们就知道该如何做了。

对于那些沉溺于情绪判断中的人，持以宽和心态。永远不和情绪化的人对抗、争吵，他不懂事，你还不懂事吗？他不理性，你就可以闹情绪吗？唯有理性让你强大、头脑清晰，帮助更多的人。

对于偏好判断者，与情绪判断者同等视待。其实，我们人人都是偏好判断者，只不过程度不同。我们能够生存，得益于他人的包容。我们当然也应该以同等的态度，对待那些善良的包容者。

对于利益判断者，要知道他们正处于成熟阶段，这个状态的人极易走极端，不要骂他们自私，给他们充足的机会，他们很快就会变得成熟、睿智起来。

向深谙规则判断的人学习，这些人的特点是沉静、爱微笑、慈和，从他们身上哪怕多学到一点价值性思维，我们都赚到了。

是非判断是我们行为的依据，价值判断则是我们的终极目标，前者告诉我们该做些什么，后者告诉我们该如何做；前者教导我们做对的事情，后者告诉我们把事情做对。足具此二者，你就是个优秀的人。

最后补充一点，价值判断基于常识，而情绪判断与偏好判断基于主观甚至立场。好玩的是，情绪与偏好最喜欢以公允的面貌出现。但假的就是假的，应该剥去伪装。只要你具备了基本的常识能力，就能够辨识真正的价值性判断。

获得基本的价值判断能力，就意味着智慧的开端与自由的显现。这个过程远比你想象的更简单，前提是你爱惜自己，热爱自由，不希望自己的人生被外部的力量操纵。

如何避免愚蠢的勤奋？

/ 01 /

几个投资机构的老板跟我聊天时，曾说了这么一件事。

有个出身农家的年轻人，读书时特别拼命，拼命的程度让同学们都害怕。

他从来不玩，只闷头读书，经常一个多月不洗澡。后来，他自己搞项目攻关，一个多月足不出户，身上都有了霉味。功夫不负苦心人，最后，他研究出来一款非常奇特的产品。

这款产品，铁定是有庞大市场需求的。它就是一款手机，但可以用来控制所有的家电，电灯、电视、空调、微波炉和烤箱之类的。

研发成功后，他洗澡刮胡子，带着试制品出来拉融资。

投资公司见到这款产品，非常感兴趣。于是，双方晤谈。谈着谈着，投资者的兴趣就淡了，脱口冒出来一句：哎，我们这儿缺个产品经理，你来干如何？

啥？年轻人愤怒了。他是出来开宗立派、开山创业的，可这些资本家居然想让他打工，这事根本没法谈。

这个年轻人，把他们那几家投资机构都找了。几家投资机构的反应完全一样，见到产品，先是眼前一亮，聊着聊着，就没了兴趣，最后不痛不痒地说了句：哎，我们这儿缺个产品经理，要不你来试试……

最终，这个年轻人拿着他的产品，于十字街头茫然四顾。

他付出那么多，何止掉肉脱皮，几近抽筋剥皮，为什么还是得不到认可？

/ 02 /

有些流行的观念，日久入人心，几乎被视为绝对真理。

比如，从底层逆袭的人，没有一个不是脱层皮或者掉身肉的……

此观念，已经到了确信不疑的程度——但实际上，这个观念未必就板上钉钉。底层逆袭至少有四种情形：

第一种，掉肉脱皮，逆袭成功；

第二种，没掉肉也没脱皮，照样逆袭成功；

第三种，肉掉了，皮脱了，也未能逆袭成功；

第四种，没掉肉也没脱皮，也未逆袭成功。

第四种我们不说——实际上，这碗鸡汤就是灌给第四种人的。

现实中，第二种人，即没掉肉没脱皮逆袭成功者，远多于掉肉脱皮逆袭成功者。而第三种人，掉肉脱皮逆袭失败者，同样也多于第一种人。

掉肉脱皮逆袭成功者的出现，不过是个小概率事件。商场上，最多的是没掉肉没脱皮，一帆风顺的逆袭成功者。

这是因为任何时代，如鱼得水者必然是适应者。如果你恰好是这类人，当然没理由非要掉肉脱皮。就好比篮球场上，你是姚明，到时候大家自然便推你出来了。如果你不是，纵然掉肉脱皮，也照样会一败涂地。

有些人在成长过程中，并没有领略到商业市场的法则和规律，甚至是反商业主义者。这类人进入社会，当然无法融入。掉肉脱皮只是让他们转型——转型成功，就会被商业社会所接纳；转型失败，就除名江湖，不为人所知了。

/ 03 /

除非你知道要成为一个什么样的人，否则你的努力不会奏效。

不对路子的努力，越勤奋，可能距目标越远。

以前，大科学家李约瑟来中国遛弯。他去参观一家染料厂，还没进门，就听见里边叮叮当当响。

进来一看，就见染料工人站在巨大的铁锅前，手执铁棍，咬牙瞪眼，发狠地用力搅拌。搅拌的力气极大，铁棍撞击锅底，发出咣当咣当的动静。

为啥要用这么大力气呀？李约瑟看得纳闷，就问。

是这样的。染坊工人解释：制造染料呢，一定要用大力，一定要用铁棍重重地撞击锅底，撞得越狠，声音越响，染料的质量就越好。

这……李约瑟诧异地问：这怪招，是谁教给你们的呀？

是老祖宗传下来的。工人回答。

老祖宗？李约瑟问：你们的老祖宗有没有告诉你们，为什么制造染料时要用铁棍大力撞击锅底？为什么呀？

工人乐了：咱哪知道这个，老祖宗怎么说，咱就怎么干呗。

哦！李约瑟说：你们呀，动动脑子，问一句"为什么"会死吗？我来告诉你们吧，要制造出好染料，根本不需要你们那么卖力死拼，只要往大锅里放些铁屑，染料的质量保证比以前更好。

真的吗？工人不信，试验了一下，找一口没用力搅拌过的大锅，往里边撒点铁屑，等染料成品出来一看，果然质量比以前的更好。

怎么会这样？工人惊呆了。

李约瑟冷笑道：只知道掉肉脱皮地死拼，却丝毫不动脑子，你们能拼出个名堂来才怪！你们用铁棍撞击锅底，就是要把锅底撞出铁屑来。你们制造染料，也正如你们的人生，需要的不是卖死力，而是动脑子！

这件事，时间很久远了。

但许多人，仍然没学会动脑子。

那些掉肉脱皮逆袭成功者，只是因为肉掉对了，皮脱对了，成了最适应商业社会的人，所以他们成功了。

而那些掉肉脱皮却逆袭失败者，他们就如同古旧染坊里的工人们，只知道一味地死拼卖力，至于为什么这样做，该掉哪块肉，该脱哪层皮，他们脑子里却是一片懵懂。所以，他们失败，也是情理之中。

动动脑子吧，这样才会避免愚蠢的勤奋，才能取得真正的成功。

/ 04 /

哪些人天然适应商业社会，哪些人比较难融入呢？

先说商业社会的特点是什么，一个字——卖！

有些人一看到这个"卖"字，就特别反感——这些人肯定不是能适应商业社会的人——那我们换个委婉的说法：交换！

商业社会最大的特点就是交换。商业社会就是这样一个残酷的世界，每个人必须有自己的产品，这些产品对别人来说必须有价值，有价值才能够遇到买主，才能够换回你需要的生存资源。

人类社会用来交换的产品，有这么五个层次：

第一层，是身体。这是成本最低的产品，所以最受公众排斥。但你会发现，公众一边排斥他人的身体交换，一边对颜值趋之若鹜。你想明白这种矛盾的现实，就了解了人心、人性。

第二层，是体力交换。这类产品是人人都有的，所以价格很难涨上来。除非整个社会富裕了，人值钱了，这类产品的价格才会水涨船高。

第三层，是实用型产品，诸如农产品、电子产品、金融产品等。这些产品是社会化生产的成果，只有组织者才能够获利，打工者是无利可图的。

第四层，是平台产品，就是用来生产具体产品的组织结构，这类产品难度更高。

第五层，是智慧型产品。虽然现在有文化产业，甚至还有智慧产业，但真正能够满足大众需求的，少之又少。

你会发现，身体交易不被公众允许，体力又卖不了几个钱，余者都是高精尖，距离公众明显有点远——人类创造了商业社会，但只有极少数人适合这个世界。

那么，有没有一个世界，能让绝大多数人都安之若素呢？

答案是——没有！

维系人类这个群体的，只有三条纽带：暴力、财富与智慧。 暴力社会只有极少数人获益，财富社会则会让相当数量的人获益，甚至能让所有人受益。至于智慧社会，在人类进入下一个进化环节之前，这事甭指望。

这就是说，以交换为特征的商业社会，是人类最不坏的选择。

最不坏的意思是，商业社会并不是好社会，太多人无法适应，这个社会里充满痛苦。但不选择它，就只能得到一个更坏的暴力社会。

两坏相权，只能挑个相对不悲惨的。

重复一遍，商业社会并不是个好社会，但如果你拒绝它，就只能得到更恐怖的暴力世界。

就是这样。

/ 05 /

只有具备商业潜质的人，才能适应商业社会。

只要你具备商业潜质，不管在哪一层，铁定会层层上升。你不需要掉肉脱皮，商业社会如水，具备商业潜质的人是木块，天然就会浮在水面上。

那些经过打拼，掉肉脱皮获得成功者，他们本来不具备商业潜质，但在打拼中改变了自己，终于具备了商业潜质。

更多的人，打也打了，拼也拼了，肉也掉了，皮也脱了，可他们根本不知道这样做的目的，折腾到最后，仍然是铁板一块，积习不变。所以，他们拼到最后，是鸡飞蛋打、鱼死网破。

你必须成为一个商业交换者。能够在商业社会如鱼得水的，莫不是交换者。他们知道什么东西可以用来交换，知道交换的价码，懂得交换对象的心理，擅长交换模式的谈判。只有具备这些能力，才有资格称为交换者。

你如果觉得做到这一点并不难，那你就错了！

人类的天性，是极端厌恶交换的。

/ 06 /

麻省理工学院的教授丹·艾瑞里曾做过一个实验。

课堂上，他拿来一大沓信封，说：同学们，你们所有人都将得到一个信封，有的信封是空的，有的信封里边有张球赛门票。有人将得到门票，有人毛也捞不到一根，就看你们每个人的手气了。

然后，他随机分发信封。果然，有的学生拿到空信封，有的则得到了一张球赛门票。

然后，艾瑞里说：现在，你们这些有门票的同学，把门票出售给没有门票的同学。你希望卖多少钱？把价格写在纸上。买门票的同学，你希望花多少钱买到？也把价格写下来，然后交上来……

交上来之后，艾瑞里计算了一下：卖门票的同学，平均售价是每张2400美元；买门票的同学，平均买价是每张170美元。

170比2400，这就是交易市场上买卖双方的预期价格差距。

艾瑞里的交易实验，堪称人类社会的缩影。

买卖双方心理差距太大，根本没有交易的可能。只有交易者，才能够在这种状态下完成交易。

现在，我们回到本文的开头。那个创业的年轻人，他苦研技术，但对商业社会的规律一无所知。他不知道，在商业社会里，产品是没有意义的，有意义的，是人。

只有交易者，才能够获得这个社会的认可，才能够把泥土卖出黄金价，才能够把黄金以泥土价买进来，才能够获利。在你完成自我转型之前，无论掉多少肉，扒多少层皮，都卖不掉自己——反之，一旦你完成这个转型，就会瞬间融入社会化大生产，捞到盆满钵满，吃到肚皮肥圆。

/ 07 /

艾瑞里的实验告诉我们，一个商业社会的适应者必然具有这样几个特点：

第一，不迷信暴力。 他们知道人类的天性是喜欢囤积的，交易双方之间存在着巨大的心理鸿沟。这只是人性，而非谁剥夺你或侵害你。你要做的是弥补双方的心理落差，而非终止谈判。

第二，不拘泥固执。 在排斥商业法则的非交易者心中，卖就意味着莫名的屈辱，他会给自己定下许多规则、原则，为交易设置障碍。而在商业者看来，交易就是交易，人为设置障碍，纯粹是找抽。

第三，遇事不绝对肯定。 交易者知道，这个世界是不确定的，人心更不确定。而在排斥商业者眼里，这世界固化不变。后者的心里，充斥着一大堆的应该，应该这样，应该那样，偏偏不理会现实。

第四，从不自以为是。 交易者见多了人类的蠢，也见多了人类的聪明智慧，从不敢说自己是绝对正确的。而不适应商业社会的人，多半坚信自己的主张，为点鸡毛蒜皮之事，动辄誓死捍卫。

第五，从不主观臆测。交易者知道，人心起伏不定，博弈永不终止，每当你接受一个固化的现状，下一步必然是全局翻盘。所以，他们从不把希望寄托在幻想上，而是以一种空明的心态应对人生。

传统文化中，商人都是一脸油滑奸笑的形象，这真的很逼真。成功的商业者始终在做一件事：以微笑为掩护，摸你的底价。而愤世嫉俗者，总是板着一张后娘脸，好像全世界都欠了他。只是因为这类人的心中，从来就容不下别人。

知道这个道理，愿意转型成商业交易者，你就不需要掉肉脱皮。不接受这个社会的规律，别说掉肉脱皮，就是扒皮抽筋，也不会改变这个世界分毫。

你最重要的能力是什么？

/ 01 /

对大多数人来说，最重要的能力是什么呢？按照蔡康永的观点，最重要的能力是语言表达技巧。

蔡康永解释说，你可能歌唱得好，可能舞跳得好，可能篮球打得好，也可能练了一身健美的肌肉，也可能是个数学家，又或是经史子集了然于心。

你肯定有点过人的本事，世道这么乱，混到今天你还没被淘汰，肯定是有一手的。可是，如果你想让老板给你加薪，你是到老板面前引吭高歌一曲呢，还是跳个《小苹果》？你是给老板来个三步扣篮，照老板的秃脑壳一巴掌拍下呢，还是脱到短裤也不剩，给老板秀一秀你身上的锁骨和人鱼线？又或是你给老板演算一道数学题，讲一讲秦汉以来制度与人性的变迁？

这些都不妥。你若敢这么干，铁定已经进了精神病院。

你唯一能用的技巧，就是对老板说清楚：老板，你看咱这么优秀，是给咱加薪呢？还是给咱加薪呢？还是给咱加薪呢？

对大多数人来说，最重要的能力是语言表达技巧。纵然你腹有才华，胸有珠玑，可如果嘴巴落后大脑半拍，那你的人生肯定少不了郁闷。语言表达技巧是情商的最直接表现。

有一类人，你和他们对坐，如沐春风。这就是心智高绝的表现。这类人能在不动声色之间，让你舒舒服服地把利益拱手相送。这类人也是高情商的表率，你如果能接触大型企业的高层，总会遇到几个。

但并不是每个人生下来就具备这种能力。如果你愿意了解一点人性，语言表达能力就会逐渐成熟，从毒舌进化成人见人爱、花见花开的百灵鸟也不是不可能的。

/ 02 /

人类的语言表达也是分层次、有境界的。单以一个人的说话能力而论，总计是七个层次，人群分布也是呈纺锤形的正态分布。你的语言表达能力在哪一层，你人生的事业多半也在这个层次。就算有偏差，迟早也会归拢到你该在的位置。

许多朋友的语言表达能力不足，一个重要原因就是对语言表达的技巧缺乏认知。如果你知道什么类型的语言是真正赋予你能力的，那么你的语言表达技巧就不再是笨口拙舌的老样子。

语言能力的最低层，叫毒舌。这类人以不谙世事的年轻人居多，处于心智不成熟的状态，还没体会到语言会给对方造成多大的心理伤害。这类人也是差评大师，再完美的事情，他们也要绞尽脑汁地找出点毛病来，故意撩拨，从对方的怒不可遏中获得存在感。

毒舌们特别喜欢在朋友圈里说话，女孩子染个新发色，他第一个留言，称"黄毛怪"，再加一句：长得丑不怪你，出来吓人就是你的不对了。又或是：长得太丑了，能别来祸害朋友圈吗？这类人很快就会被逐出朋友圈，他们还没学会适应人类社会。

毒舌们喜欢发牢骚：我的老板是个傻×。不管多少人提醒他——你老板是傻×，你在一个傻×手下做事，你岂不是比傻×更傻×吗？——他都全无自省意识。

这是语言表达能力最差的一层，可以给个负30分。这负30分可要了亲命，别说毒舌们压根没什么能力，就算有点苦劳，也抵不过这负30分的消减。处于这个层次的人，如果不知道自省，很快就会沦为商业时代的弃儿。填饱肚子，对他们来说是很艰难的事情。

/ 03 /

语言表达的第二层，是喜欢说风凉话，贬损他人。

毒舌们是彻底懵懂，不识好歹，把话说在明面上；而风凉君多了个心眼，选择一个旁敲侧击的角度。无论是最直白的愚蠢毒舌，还是有心计地说风凉话，都很难为友共事，所以第二层的语言能力评分，只比毒舌高10分——负20分。

贬损人的话往往比毒舌更恶毒，出人命也不稀奇。

南北朝时，有个叫张缵的官员，奉梁武帝之命出使鄞州。当地达官为他摆酒接风。喝酒时，张缵看到座席上有个叫吴规的幕僚。这个吴规很有才学，各级官员都很尊重他。可是，张缵不以为意，他大大咧咧地端起酒杯，说：那谁，吴规，这杯酒，敬你居然有幸出席今天的宴会。

你……这句折辱人的话，把吴规气得全身颤抖，还不好当场发作。酒宴散后，吴规回到家，仍然气得半死。儿子问他为何事生气，他就跟儿子把情况说了。

不承想，吴规的儿子有心脏病，听闻父亲受辱的详情，当晚就气死了。儿子气死，吴规又懊恼又气，结果自己也气死了。父子二人活活气死，吴规的妻子经受不住打击，悲痛过度，第二天也身亡。

所以，南北朝时有句话，叫"张缵一杯酒，杀吴氏三人"。

这就是语言伤害的力量。职场、交际场上，倘遇伤人的话，被贬损的人免不了心里受伤，而说这类话的人，也一样不受欢迎。所以，聪明的人是不会让这种情况发生在自己周边的。

/ 04 /

语言表达的第三层，倒是不像前两类人那样贬损伤害别人，而是没完没了地炫耀自己。偏偏这类人炫耀的事，还多半是丢人现眼说不出什么名堂的。这一层的语言能力，评分为负10分。

以前我在深圳，遇到这么一个怪人，一个40多岁的中年男人，一身怪味，脏兮兮的，好像40多年没洗过澡。当时大家一群人坐下来说事，此人急切切地抢过话，开始吹嘘他是多么有女人缘，多么受女人宠，然后详细地一个个说过来。听他的口气，好像全天下的女人都瞎了眼，哭着喊着要倒贴他。好端端的一个说事场合，就这么让他给搅了，我们大家枯坐了快两个小时，他自己从头说到尾，竟然没给别人说话的机会。

这个人，虽然已经40多岁了，但他的心智年龄仍停留在6岁孩子的状态，用表面上的自大掩饰内心深层的自卑，自控能力不是一般地差，连7岁的孩子都比他强。这类人也有个名号，叫不识趣。

以上这三层人群，特点都是心智不成熟。他们是语言表达的下限，不说话多少还正常点，一张嘴就丢分。

他们中的多数人随着年龄的增长会进入第四层，从此止步不前，成为沉默的大多数。

/ 05 /

　　第四层，沉默的大多数。之所以沉默，只是因为他们嘴巴笨，不说话还好，一张嘴就出反效果。这类人没有能力伤害别人，也没有能力保护自己，平时就这么憋着，憋急了吼一嗓子，这就算表达过了。

　　这一层人最多，大街上一板砖拍过去，就能拍倒八个十个。他们的语言表达能力，评分为0分。

/ 06 /

　　语言表达的第五层，就是明知山有虎，偏要拍老虎屁股的马屁一族。

　　西汉时，有个叫陈万年的人，年纪一大把了。有一次，陈万年病了，担心自己病死，就把儿子叫到床边，开始叮嘱起来。这一叮嘱，就没完没了，从早晨叮嘱到晚上，还没叮嘱完。儿子年轻，耐不住性子，听久了就有点走神。

　　陈万年火了，训斥道：你这孩子，咋就这么不听话呢？爹告诉你的，全都是人世间的至理名言，你要好好听……儿子不耐烦，顶撞了一句：狗屁至理名言，不就是拍马屁吗？拍拍拍，你都说一整天了，还没说够？

　　当时那陈万年鼓着眼珠看了儿子半晌，欣慰地道：孩儿，你已尽得爹的真传，这冷酷的世界，你可以放心地去玩了……

　　历史上，真的有许多人信这个，不管什么场合，有马屁就要拍，不拍白不拍，拍了不白拍。而且，这类人拍马屁技巧也不是一般地差劲，就凭着厚脸皮，闭眼睛瞎拍一气。

　　东晋时，有个叫桓玄的人，篡夺了帝位。篡位之后，他爬到龙床上去睡觉，不料咣当一声巨响，地面竟无故塌陷，桓玄陷了进去。

　　这在当时是大大的凶兆，可是旁边的一个大臣本着不拍白不拍、拍了不白拍的精神，立即欢呼起来：哎哟妈呀，陛下的圣德太深厚了，连这大地都承载不了……这个马屁，无争议地成为历史第一马屁。

科学研究表明，拍马屁这事，是合乎人情人性的。美国加州大学伯克利分校的研究人员坚信，人对马屁是有明晰的辨识能力的。感觉上，拍马屁的效果应该是倒U形的，快感开始上升，但拍过一个节点之后，效果就会减弱。于是，伯克利的学者设计了实验，想要找到这个倒U形的拐点。

万万没想到，学者们惊恐地发现，人们对马屁的需求根本没什么拐点，人心是个无底深渊，对马屁的需求是无限的，无论你拍他多少马屁，他都嫌不够，还想要更多。这就是有些人拍马屁的技巧拙劣至极，却仍然能够大行其道的原因。

这一层次的人可以获得10分，但这只是脸皮厚度的分数。昧着良心拍马屁，这太伤普罗大众的自尊了。所以，我们推荐语言表达的另两个境界。

/ 07 /

语言表达能力的第六层，不说"我"。

人们说话时，使用频率最高的字眼就是"我"；人们最敏感的字，就是自己名字里的字。人类的天性是以自我为中心的，普罗大众之所以丧失了语言表达能力，就是因为他们在说话时，不停地说"我我我"，但这话人家不爱听，所以他们的语言表达能力竟丧失尔。

一个人如果不说"我"，就会很容易地转为以对方为中心来说话，这是一种极高情商的表现。

比如说，一个高情商的人去朋友家里办事，朋友夫妻俩都在，恰好朋友的儿子带着女友回家来。这时候，高情商的人说了句话：这孩子跟他爸一样，会挑。

只此一句话，夸了四个人。这种语言表达技巧，只有在放弃"我"的前提下，才有可能达到。因为有了技巧，这类人士可以获得20分。

/ 08 /

语言表达的最高境界，是语言中也说"我"，但是以对方为中心。

比如，你对人说：你听明白我说的话没有？这个表达，是地地道道地以自我为中心，听得人心里立即生出十二万分的不情愿。

相反，如果你说：我说清楚了没有——这里说到了"我"，但是以对方为中心，将自己置于对方之下，就会一下子赢得对方的好感。

三国时的刘备是出了名的好为人下。这个"好为人下"，不是说他见人就趴在人家脚下，而是他说话时，会将自己置于以对方为中心的语境中。同样的话，从他嘴里说出来，感觉大不一样。

当时的曹操和诸葛亮，也同样具有这种能力。什么叫英雄？就是会说人话的人。

最会说话的人，可以获得30分——无论你能力多弱，加上这30分，就足够嗨一辈子的了。

/ 09 /

总结一下，人的语言表达能力分为七个层次：第一层是毒舌；第二层是贬损对方；第三层是炫耀自己；第四层是沉默的大多数；第五层是瞪着两眼瞎拍马屁；第六层是不说"我"；第七层是以对方为中心，随心所欲，无往而不利。

你可以比对一下，看看自己在哪个层次上。你的语言表达能力在哪个层次上，你的人生基本就在这个位置。想要突破，也不是不可能。但在语言表达能力达标之前，人生是很难继续前行的。

小人物做成大事的五个办法

/ 01 /

我们都是小人物。

小人物的特点是，智力高，但实践力不足——社会地位越低的人，越得使尽全身解数，才能活下去。但，小人物最大的悲哀是资源匮乏，可能要用刘邦、朱元璋打天下的智力，才能勉强吃到半饱。所以小人物智力是够用的，差就差在实践力不足。因为小人物没有那么多高端实践机会，眼界被社会层级限制死了，纵然突然得到个机会，往往也会干砸。

如果小人物获得机会，怎样才能不砸锅，站稳脚跟、夯实基础步步上行？

可以举个极端的例子，让刘姥姥接管大观园，看看她应如何运作。

/ 02 /

刘姥姥，《红楼梦》中最接地气的小人物。

社会地位极低，连贾府中的一个丫鬟，都比她高高在上。

但这个老太太智力极高，她居然层层闯关，直入贾府，找到贾府最有权势的人求助。尽管贾府早已入不敷出，资不抵债，随时都要破产清盘，但瘦死的河马比驴大，高智商的刘姥姥如愿获得帮助。

假如给刘姥姥一个机会，让她空降贾府，出任贾府实业集团的CEO（首席执行官），那么刘姥姥有可能救活这家企业吗？

以刘姥姥的智力来看，真的不算难。

前提是，刘姥姥一步也不能走错。错了一步，她就失去机会了。

刘姥姥要完成接管贾府，需要五步。

第一步，看。

就是到任之后，先弄清状况，别急着做事。

就是观察贾府的三个指标：

先看权力结构。

就是找到贾府中权力最大的那个人。

这个人是贾母，她是这座富贵巢穴中的蚁后，不动声色地盘踞府中。贾府中至少有三分之二的事务是以她为中心展开的。

贾母之后，就是她的两个儿子，是"贾二代"。

我们熟悉的贾宝玉，是贾母的孙子，正宗"贾三代"。

贾母是权力中心，二代负责经营管理，三代是吃货。这些人统共也就十几个，一眼就看到底。

此外府中还有近千人，是服务于贾家三代的。这些服务人员分四级，最高等级的贴身伺候贾母，最低等级的干粗活杂活。

这就是贾府中的权力结构。

再看贾府的财务状况。

贾府的收入，分三块。

第一块是"上级部门拨款",也就是朝廷的官职俸禄,但这部分钱极少,还不够贾府一天的开销。

第二块是庄园地产经营收入,这是贾府最大的收入来源,年入大概是2万到3万两银子之间。

第三块是秘密收入,包括了贾府一些隐秘的商业经营,这些钱更多是进了私人腰包,贾府财务进账无法体现。

总之吧,贾府的账上,年入3万两银子,算是顶天了。

但贾府的人头费,年开销都在4万两银子左右。

入3万,出4万,财政赤字蛮大的。

最后来看贾府的物流。

贾府这么多的人,每天吃的喝的像小山一样运进来,垃圾废料像小山一样运出去。在这个庞大的物流中,夹杂着不计其数的坑蒙拐骗。

评价贾府有句话:姨娘富,厨子肥,小厮个个都是贼。贾府只有门口两只石狮子是干净的。总之,贾府就是个大贼窝,再清白的人进来,也难以独善其身。

到此为止,刘姥姥对贾府的观察已经完成,进入第二步。

第二步,锁定目标。

锁定什么目标呢?

锁定对贾府建立威权管理的立足点。这个点有三个特色,一是问题最多,二是阻力最小,三是名正言顺,能够获得权力层的支持。

贾府的根本问题就出在权力层,这一层都烂掉了。但刘姥姥只是一个老太太,没能力发动一场推翻腐朽贾府的起义。她只是个企业高管,能在贾府站稳脚跟并抑制管理层的非理性行为,就谢天谢地了。

所以刘姥姥的工作,第一板斧是从阻力最小的物流夹带入手,杀鸡儆猴树立威权。这一斧看似没什么意义,但意义却是最大的。

只有第一板斧砍好了,才有后面的新政格局。如果第一板斧失手,刘姥姥就可以歇菜了。

第三步,获得权力层的许可,打击物流夹带。

说过了，这个打击就是种政治手段，目的是树立威权筛选人才建立团队。整体过程分三个阶段：

第一阶段是游说贾母和"贾二代"管理层，强调这个问题的严重性。实际上这个问题一点也不严重，但因为这个政策可以维护权力层的利益，所以很容易会被看得"很严重"而达成共识。

第二阶段是推进制度，要搜抄物流夹带，必须要立规矩，建制度。一旦制度化形成，就意味着刘姥姥的权威建立了。

第三阶段是建立团队。干活需要人手，需要团队，在这个过程中有人精明，有人责任心强，有人吊儿郎当，找出那些精明又能干的，刘姥姥就有了部属。

第四步，团队下沉市场，增加盈收。

贾府虽然满满都是吃货，但并非被吃垮，而是被掏空的。

除了权力层各自暗做手脚之外，几乎所有与贾府打交道的单位，都在用尽办法掏空贾府。其中田庄经营是被人掏的大头。

刘姥姥只要派团队下去，这种掏空行为就会被震慑。但接下来，刘姥姥还需要再建立一个纪监委监察组织，因为她的团队有极大可能与掏空方沆瀣一气，联手作案，不打掉这些大老鼠，就无法扭转贾府步向死亡的颓势。

做完了这些工作，贾府入不敷出、资不抵债的情形，就会彻底扭转。但到这一步，还有个权力死结没有解开：

如何扼制权力层为牟私利，而不惜加速贾府死亡的非理性行为？

刘姥姥的第五步：通过对掏空者的清算，把火引向权力层。

简单来说，掏空者敢于对贾府上下其手，实际上是被权力层默许的。刘姥姥在做这个工作时，一定要不动声色，一点点地剥出真相，让贾母能够接受，更能够接受褫夺"贾二代"管理权的决策。

一旦"贾二代"失去管理权，或是管理权被限制，掏空行为就会被扼制在极小范围之内。这时候贾府的运营就变得简单起来，明确规范，每年的经营都有盈余，就算贾家三代吃到肚皮撑爆，对贾府的发展也没有多大影响。

只不过这样一来，贾宝玉就会蹲在贾府，安心吃到死。而后"贾四代""贾五代"——甭管这些孩子是贾宝玉跟谁生的，总之都会一路吃下去——直到以后制度崩坏，贾府又回到人治化的老路上，危机才会再次浮现。

上述这五步操作，听起来繁复杂乱，但在民间，却有个简单说法：吃不穷，穿不穷，算计不到就受穷。

我们这里讲的是刘姥姥空降大观园，三板斧劈开生死路。但实际上这些运作方法却是极简单的，不管是治家，治理公司，还是行政机关、地方财政，永远都是一个不变的套路。自古真情留不住，总是套路得人心。套路之所以有效，就是因为这些套路是人性的表现。而我们有时候做不到，只是因为手边没有教科书，没有可以拿来套用的模板。但我们提供这个模板，也只是个框架，实际操作中的细节，还须我们各自的人生实践来丰富。说到底，**一切理论都是空洞的，只有生活之树常青。**最终我们所有的套路、认知与智慧，都需要在实践中加以修正。

领导想要提拔你，
看的从来不是努力

/ 01 /

朋友圈里有位哥哥，踏实肯干，刻苦努力。

因此被老板相中，提拔为主管。

薪水翻番，成为人生赢家。

大家纷纷祝贺——可没祝贺几天，他就被撸了。

因为他手下的人各种不服，各种明争暗斗，以前都是兄弟，现在成为对手。他始终无法适应，最终被打回原形。

于是一句话再度流行：

领导想要提拔你，看的从来不是努力。

不看努力，那看什么呢？

答案，唯使君与操知道。

/ 02 /

《三国演义》里有个情节：

曹操崛起，但西凉马超不服。

马超的战斗力，位居《三国》前五，总之很能打。

曹操与马超第一次交手，就被马超打惨了，胡子割了，衣服也扒光了，光脚板跑出120公里才保住老命。

曹操感觉死定了。

死定了。

就在这节骨眼上，马超又有了帮手，西凉韩遂统师前来，马超的领先优势，再次被夯实。

万万没想到，当曹操得知韩遂来时，放声大笑起来。

哈哈哈，曹操说：哈哈哈，马超死定了。

论单兵作战，马超能打死我。

但说到驾驭团队，哈哈哈，马超会死得很惨。

很惨很惨。

于是曹操策马出营，去找韩遂：嗨，老韩在吗？咱俩以前可是同事，好久不见了。

伸手不打笑脸人，曹操来套交情，韩遂也不好意思抡起菜刀就剁，同时也想摸摸曹操的虚实，就策马出来，陪曹操聊天。

曹操关心地问：嫂子减肥有效果没有？应该还是A罩杯吧？三围没太大变化吧？我媳妇那里有进口的粉底霜，等哪天我偷点给你……说的全是这类鸡毛蒜皮的事。

韩遂与曹操谈笑风生，让马超好不紧张，就问：老韩，你跟曹操都说了些啥？

韩遂：没说啥，就说了我媳妇减肥的事。

曹操关心你媳妇减肥……你说我是不信呢？是不信呢？还是不信呢？

马超心里，愈发犯嘀咕。

然后曹操又给韩遂写信。

写信就写信吧,曹操还故意不好好写,写一段涂掉一段,涂涂抹抹,弄得信纸上黑乎乎一团,就这样把信给韩遂送去了。

马超担心韩遂和曹操串通,就要求看看来信。

韩遂光明正大,就把信拿给马超。

马超看到信上的涂抹痕迹,更加困惑:老韩啊,曹操这段说了些啥?你干吗涂了不给我看?

韩遂解释:小马子,那是曹操自己抹的,不是我。

马超急了:曹操多精明啊,你说他把草稿给你送过来了?你自己说,这谎话你信吗?

韩遂很无奈:爱信不信吧,反正这是实情。

实情你大妈!马超的剑拔出来了:你竟然勾结曹操想害我,老子砍了你!

马超跟韩遂打成一团。

曹操趁机催师而入。

西凉就这样落入曹操之手,马超无家可归,被迫投奔刘备搵食。

/ 03 /

论单兵打架,马超能打死十个曹操。

论驾驭团队,一百个马超也玩不过曹操。

什么叫驾驭团队的能力呢?

首先,团队不是天然就存在的,而是拥有管理能力的人,自己打造出来的。

比如韩遂,他起先并不在曹操的团队中,但经过曹操这么一番"管理",韩遂和马超翻了脸,只好死心塌地跟着曹操,成为曹操团队中的一员。

再次，驾驭有两层含义，一是鞭策，二是收拢——西式的管理学，把这两个招数称为"胡萝卜加大棒"。

先说什么叫鞭策。

鞭策的意思是说，天下团队都是一样的，都梦想着不干活，趴下偷懒，所以管理者得笑眯眯地挥起鞭子，什么考核啦，KPI（关键绩效指标）啦，啪啪啪狂抽。被抽的团队，都会上网投诉并大骂老板心黑。骂就骂吧，如果员工不骂老板，老板沦落成打工人的日子，也为期不远了。

收拢的意思是说，不干活的，只是团队中的小部分人，更多的人还是能力者。但能力需要平台，需要超量资源的投入。所以网上许多孩子忽悠老板：给我10万精兵，明天收复西京。可老板心里明镜也似，你张口就要10万人，每人月薪一万元，一个月就得给你10亿元经费，有这么多钱老板不会自己嗨？还发神经让你祸害？对这类要求超量资源的恶意消耗者，老板就一句话：亲，出门下楼坐14路公交车，精神病院24小时不打烊。

总而言之，劳资博弈是一个长期波动的态势，无论是劳方赢还是资方赢，都不是好事，只有双方势均力敌，才能保持社会活性。

/ 04 /

从员工变成主管，必须要学会曹操的管理方法。

第一步：**转化**。

以前你和同事是平起平坐的，谁也不比谁高，谁也不比谁低。你们身处同一阶层，共同对抗黑心老板。

但现在，你成为主管，收入飙升，就意味你的社会阶层变了。

如果你不愿意改变社会阶层，觉得穷一辈子蛮好，那最好不要做什么主管。如果你不想穷一辈子，穷到老婆与隔壁老王星夜私奔，那你就得在心态上彻底转变过来。

第二步：**观察**。

还没有成为主管之前，就要学会观察。

人都是平等的，但人与人又是有差别的。有些人可能成为你未来团队中的一员，有些人可能不行，你心里得有个谱。

比如曹操挑选韩遂加入自己的团队，为什么不是马超呢？因为韩遂有团队意识，而马超没有。事实上，马超投奔了西蜀之后，也未能融入刘备的团队，马超是个跟团队犯冲的人，你得首先把这些人找出来。

第三步：**分化**。

找出那个可以加入你团队的人之后，就可以上菜了。

只要你跟曹操一样，与对方建立起频繁的私人联系，不说工作不说管理——但要气氛暧昧，给人一种他已经是你心腹的感觉。

这样他就跟韩遂一样，不再被旧的社会阶层认可，还会遭受同事们的职场暴力，只能跟你走了。

第四步：**整合**。

对于跟随自己、构成团队核心的人，要给予嘉奖。

对于那些死钻牛角尖，矢志与你血战到底的人，只能建议他去别的团队，比如去刘备那边。

到这步，你的团队就已经建立起来了。

第五步：**优化配置目标与资源**。

做了主管，你就知道什么叫目标，什么叫资源，什么又叫二者的优化配置了。

目标就是你要向老板交差的任务，资源就是那些踏实干活的员工。当你具备了优化配置目标与资源的目光与能力，你就是可以成为高管的人了。

然后你再掌握一些经营能力，你就可以替这个社会解决一部分就业问题。这时候你才知道，所谓的社会阶层，不过是我们内心的幻觉，正是这种固化的幻觉，让我们看不到人类社会无息流动的自然状态。

领导想要提拔你，看的从来不是努力。这句话对，也不对。

说这句话对，那是因为领导确实不会提拔只知道闷头死干活，却没有团队领导能力的人。说这句话不对,是因为领导要提拔你,一定是相中了你在统领团队上的努力。所以,努力有很多种,趴案台上干活,这是努力;坐大班椅上苦思冥想,琢磨如何统领团队杀出一条血路,这也是努力。就好比,幼儿园时期的努力是努力学会听话,成年人的努力是打破陈规。成长就意味着对此前人生的背叛与颠覆,如果没有这个认知,人生就会出大问题。

《论持久战》：
如何战胜比你强的人

/ 01 /

看了个视频，震撼了我。

视频开头，一只大大的海鸥正在幸福地进食。

吃相很大气，动作极洒脱。

旁边有只鸭子，看上去很惊恐的样子。

视频解说道：这只海鸥，当着鸭妈妈的面，吞食了一只小鸭雏，鸭妈妈无力抗争，束爪无策。

束爪无策。

为了保护其余的小鸭雏，鸭妈妈带着孩子们逃到水上，但海鸥想继续进餐，凌空追至，一个漂亮的俯冲，要再吃一只小鸭雏。

弱小的鸭妈妈，迎着海鸥冲上去，不知是用扁嘴巴叼住，还是用了爪子，总之一下子抄住了海鸥。鸭妈妈体形小，海鸥体形大，双方在水面上展开了惊心动魄的搏杀，最终，海鸥也未能摆脱鸭妈妈的控制，被拖入水中，活活溺死。

鸭雏们，终于安全了。

/ 02 /

海鸥是体形中等的鸟类，体长接近半米。

一只海鸥，有两三只鸭妈妈那么大。

而且海鸥不是什么善类，不管是同类的幼雏，还是蹒跚行走的小鸭子，不能被海鸥看到。如果海鸥看到，就会被一口吞掉。

相比于体形庞大的海鸥，鸭妈妈真的是弱者，可以说是弱鸭了。

然而啊，为母则刚，做鸭自强。当恶霸掠食自己的子女时，弱小的鸭妈妈，不是懦弱逃避，而是勇敢地冲上去战斗，并战胜了强大的对手。

这就是大自然。

这就是人类社会。

/ 03 /

山东高考冒名顶替案中，有位父亲，因为女儿被顶替者夺走人生，悲愤地对媒体称：他们就是欺负我是个屃人，如果我有点本事，他们哪敢？

但屃人的命运，就只能任人宰割吗？

小时候，我曾读过一个屃人战胜强者的故事，可以说极大地震撼了我。

/ 04 /

故事发生在早些年以前，那时大家还没有报警意识，遇事便动手解决，谁狠谁赢——所以大家不要模仿。

不要模仿。

故事主角是个姑娘，幼年丧父母，由哥哥带大。

哥哥是个尿人，没本事，没出息，没力气，没钱，没地位，可以说是"五尿俱全"，被人鄙视。

姑娘深以尿哥为耻，努力学习，希望能考上大学，远走高飞，彻底和尿哥脱离关系。

有天姑娘放学后，被几个流氓拦截，眼看要遭凌辱，幸亏邻居靓哥出现，一声大喝，喝退几个流氓，救下了姑娘。

靓哥是黑道人物，好勇斗狠。被解救的姑娘很感激他，此后又有几次类似的事发生，靓哥就邀请姑娘到他家坐坐。

姑娘就去了。

靓哥让姑娘坐下，讲起自己在道上多么风光，然后开始讲男女情事，一边讲，一边拉起姑娘的手，等到姑娘感觉不对时，靓哥已经把她压在硬板床上了。

惊骇之际，姑娘才醒过神来。此前拦截她的那些小流氓，其实都是靓哥安排的。

靓哥早就盯上了她。

她逃不掉了。

/ 05 /

眼看姑娘就要被糟蹋，突然间哐啷一声，尿哥冲了进来，照靓哥头上就是一拳。

原来，尿哥早就发现坏人在打妹妹的主意，可是妹妹瞧不起他，他说了也不听，只好在一边盯着。当靓哥把妹妹骗进自己家，尿哥就悄悄跟在后面，看到靓哥要祸害妹妹，他立即冲出来解救。

可是尿哥太"弱鸡",一拳打在靓哥头上,跟挠痒痒差不多。靓哥跳起来,只一脚,就把尿哥踢得飞了出去。接着靓哥扑上去,一顿拳打脚踢,打得尿哥满脸是血。然后靓哥脚踩尿哥的脑壳,宣布道:你妹妹是老子的女人了。你要是识相,就滚一边去,不然就打死你!

妹妹吓得瑟瑟发抖,只知靓哥势力大,哥哥一尿到底,自己这辈子彻底毁了。

然而并没有。

"弱鸡"尿哥,向强者靓哥发起了挑战。

/ 06 /

此后,只要靓哥落单,尿哥就会悄然出现在他的身后,手持板砖一块,狠命拍下,砰的一声,就把靓哥脑壳给开了瓢。

突然被爆头的靓哥,气到发疯,回过头来抓住尿哥往死里打。

当场把尿哥的一条腿打断了。

两人一起被送入医院。

但在医院里,靓哥头上的绷带还没包扎好,拖着断腿的尿哥,手持板砖再次闪亮登场,砰的一下把靓哥脑壳重新开瓢。

靓哥狼一样地号着,冲过去想打断尿哥另一条腿,却被医生死死拉住了。

此后,靓哥与尿哥陷入了持久战。

尿哥摆明了不是靓哥的对手,但他开展游击战术,只要他出现在靓哥身后,靓哥脑壳必定开瓢。

然后是靓哥疯狂的报复,把尿哥刚刚接好的断腿再次打折。

双方的战事,持续了大半年。

尿哥的腿被打断次数太多,已无法痊愈。而靓哥的脑壳,也被砸到颅骨透风。

大半年后的一天，姑娘正在家中复习，备战高考，夙哥拖着断腿做饭。忽然间靓哥进来了。

见到靓哥，夙哥立即操起菜刀，一瘸一拐地冲上来。

却听咚的一声，靓哥给他跪下了。

求和。跪下的靓哥高举一包点心，道：夙哥，我服了你，这都大半年了，你还是不死不休，我要是真打死你，自己也要被枪毙。我不敢打死你，但你是真敢打死我。打死我，你妹妹就安全了，都怪我眼瞎惹上了你，求求你别打了，让我们停战吧，以后我要再敢欺负你妹妹，我不是人！

至此休战，恢复了邻居间的和睦友善。

再也没人敢欺负姑娘。而这时候她才知道，哥哥虽然体力弱，但在守护妹妹时，所展现出的决绝与勇气，却让天地动容。

厚脸皮人士攻略

/ 01 /

讲个小蒋哥的故事。

小蒋哥生命中记忆最深刻的,是6岁时发生的事情。

6岁时,小蒋哥在北京读小学一年级。有一天,老师拿来很多礼物,靠墙放下,说:同学们,今天咱们相互表扬,请同学们一个个走出来,听到同学对你的表扬,就可以拿份礼物回去了。

这堂课的目的,是让大家学会表扬人。

大家开始一个个走出来,每走出来一位同学,座位上的同学都大声地夸奖他。被表扬的同学很开心,拿着礼物回去。

轮到了小蒋哥。

他走出来,幸福地期待着同学们的表扬。

没想到,所有的同学,齐齐地扭开脑袋,不看小蒋哥。

没人表扬他。

小蒋哥哇的一声哭了出来,为什么?这是为什么?

为什么同学们连随便地表扬他两句都不肯？

此事变成了小蒋哥的成长噩梦。此后不管他做什么事，这个噩梦都会突然浮现出来，拖住他的脚步。

/ 02 /

30岁那年，小蒋哥在美国。

他发现，从6岁起，走过了24年满心恐惧的路，因为害怕被拒绝，终于活成一个毫无特点且平庸的人。

咋整呢？就这么窝囊死吗？

感觉不太妥当……要不咱豁出去，把脸皮磨出个厚度来吧。

他给自己制订了个"百日拒绝"计划。

就是走上街头，向一百个陌生人，提出一百个无耻要求，看自己是怎么被人家拒绝的。

为了保证游戏效果，他还准备了录像设备。

开始了。

第一次拒绝，楼下保安大哥。

那天他拖着艰难而痛苦的脚步，一步步向保安大哥走去。短短几十米，却好像走了几百个岁月。

终于走到了保安大哥面前。

他停下来，看着保安大哥，说：大哥好，可以借我100美元吗？

保安大哥很蒙圈，这人谁呀，认都不认识就来借钱：不行，为什么……

那一声"为什么"刚问出来，却发现小蒋哥已经惊恐地逃走了。

逃回家后，小蒋哥回放刚才的录像，震惊地发现，保安大哥问了句"为什么"。

保安问出这句话，就意味着这事是可以商量的。只是因为自己太恐惧、太害怕，逃得太快，所以行动失败了。

明白了，下次只要脸皮再厚点，应该就没问题了。

第二次行动。

小蒋哥来到汉堡店：来个汉堡，嗯，续杯那种。

续杯？服务生蒙圈：汉堡……咋个续杯法？

这次小蒋哥没有逃。

而是很无耻地说：就是我吃完一个汉堡不够，你再给我续上一个。吃俩我还没饱，你再给我续上第三个。

不带这样的……服务生当场崩溃，我们这里没有这种服务。

为什么没有呢？小蒋哥越来越无耻：如果你们增加这项服务，我一定会更喜欢你们。

算了，还是别让你这货喜欢了……虽然服务生没有答应，但明显被小蒋哥打败了。

第三次行动。

小蒋哥走进一家甜甜圈店：嗨，伙计，我要那种你们没卖过的甜甜圈，嗯，五个甜甜圈连在一起的那种。

这样啊……蒙圈的服务生，拿起笔来，开始认真设计小蒋哥要的品种。

这一次，他的无耻要求，被彻底满足。

小蒋哥震惊地发现，人类极易受他人摆布，不管你的要求有多不靠谱，只要坚持，对方就会被你打败。

又一次行动。

小蒋哥抱着一盆绿植，气势汹汹地敲响一户陌生人家的门。

对方开门。

小蒋哥：我可以把这盆绿植种你家地里吗？

对方：……不可以。

小蒋哥怒了：为啥不可以？

对方：不是……那啥……我家有只哈士奇，很调皮，会弄坏你的花的。要不你去对面试试，对面人家比我们好欺负。

于是小蒋哥转头去欺负对门。

很快，他的绿植，种到了对面人家的地里。

再一次行动：欺负星巴克。

小蒋哥走进星巴克：嗨，我可以做你们的迎宾员吗？

经理蒙圈：啥叫迎宾员？

小蒋哥：就是站在门口，跟客人打招呼，盯着客人，别让他们偷东西的员工。

经理：感觉好像不需要。

小蒋哥：为啥不需要呢？你不觉得很需要吗？

经理：不是……那啥，你想干就干吧。

这一天，小蒋哥成为星巴克的迎宾员。

再来一次行动：欺负教授。

小蒋哥通知德州大学的一名教授：我决定替你的学生讲一堂课，你安排一下。

教授：去死！

小蒋哥：这事就这么定了。

教授：没门！

小蒋哥：好的，我们确定一下时间吧。

教授：好，两个月后你来吧。

两个月后，小蒋哥走上德州大学的讲台，开始对同学们传授厚脸皮攻略。

他发现，他可以向任何人提出任何荒唐的要求，只要他很严肃地假装这个荒唐要求很正常，对方就会崩溃。

/ 03 /

小蒋哥这个故事，实际是个人性测试。

这个测试可证明五个要点：

第一个，**人性处于一种空的状态。**

空，不是什么都没有，而是两种矛盾状态并存。

比如小蒋哥要求汉堡续杯，这个要求其实就是闹事，对方老报警也没问题。但服务生的脑子里，立刻浮现出两个情境，一是答应他，二是拒绝。然后服务生陷入了天人交战中，答应他吧，感觉什么地方不对；不答应吧，又好像对不起客户。这种矛盾心情，让小蒋哥不战而胜。

第二个，**内容不重要，理由才重要。**

心理学家发现，人容易陷入自我怀疑，你可以向他人提出任何荒谬或无厘头的要求，只要你给了个莫名其妙的理由，对方就会在你的目光压力下，感觉一切都是正常的。

第三个，**理由不重要，要求才重要。**

性格内向、不敢向别人开口提要求的人，总认为对方心里有个固定的态度。但实际上并没有，人心始终在期待之中，有人向自己提出要求，这是赋予自己存在感，他会假装认真地倾听你的要求，并考虑适当满足或拒绝。

第四个，**要求不重要，态度才重要。**

那些提出要求，却被拒绝之人，因为内心缺乏自信，在对方否决自己之前，就先行否决了自己。小蒋哥发现，只要你厚着脸皮，摆出一副"这个荒谬的要求难道不是很正常吗？"的样子，对方自然会屈服。

第五个，**态度不重要，坚持才重要。**

小蒋哥厚颜无耻、毫无理由的提出要在德州大学讲课，一开始，教授觉得很荒谬，但慢慢地，他的感觉在转化，他开始接受，并最终认真安排。就是因为小蒋哥的坚持，让一件荒谬的事，因为固执的存在而有了合理性。

有部韩剧叫《圈套》，片中有个心理学设定：有些人，智力高能力强，却被智力低、能力差的人吃死了。为什么呢？就是因为这些高智力人士，对人性缺乏了解，他们在别人厚颜无耻的要求面前，要花费大量的时间、精力来处理自己的情绪。如汉堡店的服务生，他要处理没有给客人汉堡续杯所带来的心理愧疚感，这就让客人小蒋哥的无耻要求突然间变得合理而正当起来。所以人生战场之上，那些所谓厚脸皮的人士，他们只需要提出无理要求，让薄脸皮人士陷入心理冲突，厚脸皮人士就赢了。

当我们认识到这个人性的缺陷，就知道如何控制人性，如何安置自己，就可以通过一些简单的训练，让自己获得强大的主场优势，就能够逐步变得强大、无畏而自信，就能够拥有一个自由、快乐的高维人生。

用这个办法,善良老实人从此扬眉吐气,不再被人欺负

/ 01 /

回答大家一个提问的频率较高的问题:

善良厚道的老实人,为什么总是被人欺负?

标准答案,藏在一部电影里:

《绣春刀Ⅱ:修罗战场》。

/ 02 /

《绣春刀Ⅱ》的主角是北镇抚司的锦衣卫沈炼。

沈炼身在底层,能力超群,吃苦耐劳,但看不到升职的希望,办案多年只是小小的百户。

沈炼的长官陆文昭是北镇抚司的千户,为了前途,不惜重金,马屁一

路向上拍，拍到了大太监魏忠贤那里。魏忠贤钓不到鱼，陆文昭扑通一声跳下水，去给魏忠贤摸鱼。

魏忠贤评价他：你很不错，摸鱼技巧非同一般。

然而县团级领导职位，就是不给你。

不服可以去死。

可这是为什么呀？

/ 03 /

第一个问题：为什么吃苦耐劳的老实人，总是挨欺负？

任何一家单位，都有个部门——人力资源部。

这个部门的名字，就说明了一切：

所有人，所有员工，都跟桌子椅子一样，都只是"资源"，而且是可再生的低值易耗品。

低值易耗可再生，都在说同一件事——人不值钱。

网上有个段子：一个医学院的学生要毕业了，就问导师：老师，如果我毕业后做医生遇到医闹，有人拿刀砍我，怎么办？

导师指点：医闹的人拿刀砍你，你就往最昂贵的设备后面躲。砍了你没人管，但弄坏了设备，医闹的人就得赔钱、吃牢饭。

这个故事很惨，也很无奈。**但人的价值，就是由所在地区的经济价值所决定的。**经济越不发达，人就越不值钱。当人普遍不值钱，被压在最底层的吃苦耐劳的老实人，就显得更凄凉了。

/ 04 /

第二个问题，如何提升价值，成为"值钱"的人？

答案是，成为人力资源调度者。

人力资源调度力，就是让别人干活的能力。

《绣春刀Ⅱ》中，沈炼超能打，打得头破血流也不认输。

然而，领导职位无须亲自动手打架。领导要有全局观，看清事情的每个环节，张三做这部分，李四做那部分，其余部分给王五、赵六等人负责，在职场上，领导是导演，而不是在台上做各种努力的演员。

比如大太监魏忠贤，无论历史上，还是剧情中，他从没有亲自下场打过架。相反，他只是下令指挥：这场架让张三去打，那场架让李四去打，OK？

所以魏忠贤出场，拿眼睛一扫沈炼和陆文昭等人，就知道了——这些人，做苦工、打群架的能力一流，但没有丝毫的资源调度力。如果让他们做了县团级领导，单位所有的事，扫地编程、文案宣传、市场推广、研发、生产、运输、配货等全是他们自己干，真正需要领导过问的事，反倒没人管，那怎么提拔他们？

所以，即便陆文昭跳入水中给魏忠贤摸鱼也是白摸，魏忠贤最多把这条鱼给你，县团级领导职务，真的不能给。

/ 05 /

第三个问题：如何获得行政资源调度力？

所谓行政资源调度力，就是左右别人的能力。

就是让别人按你希望的去做。

就是斗败坏人的能力。

几乎所有老实人，都败在这一关。

《绣春刀Ⅱ》电影一开始，男主角沈炼及锦衣卫的一众兄弟，就经历了一场"行政领导能力测试"，结果沈炼等人没通过，被坏人玩惨了。

沈炼的手下和同事有说有笑，拿太监魏忠贤开涮，笑得正开心，一个道德检察官,手拿小本本,突然登场:我听到有人在嘲笑魏公公,你们也都听到了,他笑了,你也笑了,我已经把你们的错误都记在这个小本本上了。你们会死得很惨,哈哈哈。

于是拿魏忠贤开玩笑的锦衣卫,骇得魂飞天外,当场逃走,被长官沈炼追上后,退无可退,选择自杀。

而主角沈炼,就成了"有前科"的员工。

沈炼等这么多锦衣卫,竟搞不过一个坏人——如果让这帮废材当了领导,你的手下绝对不止一两个坏人,那你怎么领导这些坏人?

魏忠贤之所以能看出这些人没领导能力,看的就是他们能不能搞得过坏人。兵熊熊一个,将熊熊一窝。一个员工被坏人搞死,再招个新员工就行。可如果一个领导搞不过坏人,会拖累全单位的员工一起死的!

能不能过得了《绣春刀Ⅱ》中的"行政领导能力测试",能不能斗败坏人,决定了你的事业能走多远。

《论语》中记载,孔子的学生子张,向孔子讨教如何当大官,孔子指点他说:多听少说,就不会惹来麻烦,只做自己职责范围内的事,就不会后悔。不说会带来麻烦的话,不做让自己后悔的事,你不当大官,谁当大官?——多闻阙疑,慎言其余,则寡尤;多见阙殆,慎行其余,则寡悔。言寡尤,行寡悔,禄在其中矣!

/ 06 /

《论语·为政第二》中,孔子这样曰过:君子不器!

这四个字,道破了人生事业行程的三个阶段:

第一个阶段:**靠能力立身**。

做人要有能力,经常长点小本事。如《绣春刀Ⅱ》中,沈炼和长官陆文昭都有不凡的本事,前者特别能打架,砍人不含糊;后者特别懂驭下,将北镇抚司管理得井井有条。

有点小本事，就忘了自己姓啥。所以二人果断认为：做人凭本事，做官难道不也应该凭本事吗？我们这么出色，做个县团级领导咋啦？为什么大太监魏忠贤，就是不肯重用我们呢？

如果他们读了《论语》，读到"君子不器"这四个字，就会恍然大悟。

他们的本事还不够。

或者说，他们被自己的能力局限住了。

君子不器，是说做人要通透，不能用条条框框把自己局限住。能干活能做事，只是成为行政领导的一个小条件，甚至是完全可以忽略的小条件。

第二个阶段：**学会务虚**。

凭能力做事，这叫务实。

但人类说话，喜欢说"事情"这个词。

事情事情——事和情，就是具体的事务，还要和人情结合在一起。

人类喜欢被自己的付出感动，被自己做的"事"感动，但真正打动别人的，是情。

一个男仔，骑单车飙行800公里，去给女友买包子，还不如打个车，带女友去吃麻辣烫。

《绣春刀Ⅱ》中，千户陆文昭与其跳下水给魏忠贤摸鱼，远不如弄几条活鱼，饿上几天后倒入池塘，让魏忠贤钓个痛快。

做事的人，特喜欢炫耀自己的"辛苦"。

但别人只想要个简单的结果。

第三个阶段：**掌握街头智慧**。

单位或公司，如果有件麻烦事，最后一定会推到领导这里来。

正如单位有个坏人，普通员工都躲起来了，只有领导无处可躲。

一个人把屁股坐在领导的椅子上，第一件事就是要知道谁会来找你的麻烦。网上有位局长现身说法，他做局长之前，就知道单位有个刺头，专找各级领导麻烦，前边的领导没能搞过刺头，仕途就算毁了。所以他还未上任，就急如星火地搜集刺头的材料。

然而，他还没有抓到刺头的把柄，刺头就杀上门来，指着他鼻头一通大骂。

他能怎么办？

只能赔笑脸听着。

只能坐视自己的尊严和未来，毁在这个刺头手里。

然而，半天过后，他终于抓住刺头一个把柄，可以直接开除对方。所以他当场发飙，怒吼、拍桌子、指着刺头鼻子骂娘，刺头果然不敢吭声。于是，他成功的找回了场子，继续理直气壮做局长并获得了升迁机会。

老实人，一辈子也没翻盘的机会。

只要你有一次机会、只要一次机会，你的上级就会凑上前来，主动要求给你升迁。如果他不抓紧表现，下一个被你掀翻的，很可能就是他！

所以今天的问题是：

如果你是《绣春刀Ⅱ》中的沈炼，面对道德检察官的质诘，你要如何击败他？回答上这个问题，你就可以做县团级领导了。答不上来也别急，强化训练自己，很快就能够掌控时局。

你不必为了讨好谁而过此生

/ 01 /

中学老师松子,带学生们去修学旅行。

到了一家旅馆入住,学生中有个小偷,叫洋一。他偷走了旅馆老板的钱。

恰好被松子看到了。

松子约谈洋一:洋一,承认你是个贼吧。承认错误,才是真正的好孩子。

去死!洋一矢口抵赖。

没办法,松子自己去找旅店老板:不好意思,钱是我的学生偷的,我会全数还给你。但为了孩子们的未来,请你不要声张。

老板摇头:偷东西可不是什么小事,你为什么要替小偷遮掩?我要求那个贼,向我当面道歉。

松子为难了,她知道洋一是绝对不会道歉的。

怎么保护洋一呢?

有了，松子一咬牙：不好意思，老板，实际上钱是我偷的。我向你道歉，把钱还给你，请你不要追究了，好吗？

松子把罪名揽到自己身上，替洋一摆脱了困境。

回到学校，洋一立即向校长举报：

报告校长，松子老师是个贼，她偷旅店老板的钱，还企图诬赖我。

校长核实这事确为事实，松子老师的确是亲口向旅店老板承认自己是贼的。

那就开除吧。

以上这段故事情节，出自电影《被嫌弃的松子的一生》。

松子就是这样一个人，遇到别人的脏事烂事，就急忙揽到自己身上，结果沦为脏人、烂人，被所有人嫌弃。

/ 02 /

作家林语堂说：我爱芸娘，她是世间最美的姑娘。

芸娘是谁？

芸娘是清朝时的一个姑娘，与书生沈复是表亲姐弟。

在长辈主持下，两人结为夫妇。

婚后，两人的生活可以说非常甜蜜——但是有一个问题，芸娘这个人，特别喜欢做滥好人，揽烂事。

沈复的父亲，想找个小三。

怕被老婆打，就来找儿媳妇芸娘：善良的儿媳妇，帮可怜的公公这个忙吧。我只要一个小三而已，只要一个。

OK，芸娘立即把事揽了过来，跑前跑后，替公公找了个小三。

猜猜看，婆婆知道后，会是个什么态度？

不撕碎她才怪！

接下来，小叔子也找来了：善良的嫂嫂，我想借笔债去嗨皮，但是没有担保人。

小事一桩。芸娘站出来，大力拍胸脯：这笔债务我担保了，小叔子不还钱，你们尽管来找我！

好嘞，有了嫂子做担保，小叔子拿到钱，各种狂吃滥造，各种寻花问柳，可以说是快意人生了。

钱花完了，债主来要账。

小叔子笑道：我凭本事借来的钱，凭什么要还？想要钱，去找担保人啊。

对了，还有个担保人。债主来找芸娘要钱。

芸娘傻眼了，她根本就没钱。

没钱也敢替别人做担保，这女人的脑子是怎么长的呢？

事情闹大，老公公怒了，问芸娘是怎么回事。

芸娘把小叔子借钱的事说了一遍。

真的假的？老公公不信，叫来儿子核实。

小叔子来了，无辜地噘着嘴：让嫂子担保借钱？没有啊，人家每天都两耳不闻窗外事，闭门苦读圣贤书。人家这么善良，不明白嫂嫂为什么诬陷我。

果然如此！老公公仰天长叹：芸娘你个烂婊子，在外边勾引野男人，干了脏事，欠了债务，反过来诬陷我那善良的儿子。太无耻了！

赶出门去！

在古代，公婆有权把儿媳妇赶走，而不需要征询儿子的意见。

芸娘流落街头，内心悲愤莫名：

为什么？这是为什么？

我好心好意帮助你们，你们却反过来坑害我？

这段故事，出自名著《浮生六记》。

一段真实的历史。

/ 03 /

松子和《浮生六记》中的芸娘，都是极为典型的讨好型人格。

有讨好型人格的人很卑微，很可怜。活着承受巨大的苦，死了还会被人污辱。

被讨好型人格困扰的人，都想知道如何解决这个痛苦。

但实际上——

第一，讨好型人格，理论上有解，现实中无解。

任何一个心理咨询师都会开出同样的药方：强化自我主体人格，守住边界，增强自信，勇敢说"不"，你的讨好型人格就能不药而愈。

正如一个教练鼓励双腿截肢的人：跑起来很简单，只要你跟所有人一样，跳起来，甩开轮椅，发力狂奔，就能够成为长跑冠军，OK？

听起来很美。

但从未有哪个残疾人，听了这话就能立即恢复健康。

第二，讨好型人格，表现为典型的失智行为。

小偷洋一，为什么不肯承认偷窃？

因为承认偷窃，就要付出代价。

小偷都知道承认偷窃会付出代价，作为老师的松子竟不知道。当松子替学生接锅，把小偷的屎盆子扣自己脑壳上时，她的教师生涯就已经结束了。任何一所学校，都不可能任用一个小偷做老师。影片中她只是被开除，并没有被移交警局，可以说校长老善良了。

芸娘更夸张，她替老公公找小三，全然忘了婆婆会有看法。她一个钢镚也没有，就敢替小叔子做担保。谁敢说这种行为不低智，连芸娘自己都不会认可。

低智行为，又是如何产生的呢？

第三，低智行为是生理驱动，而非心理选择。

一个赌徒，当他走入赌场时，其实知道自己正步入毁灭。

可他无力控制。

因为看到赌,或是听到赌,又或是想到赌,他的大脑就会分泌多巴胺,让他感受到极致的愉悦和幸福。但如果他不赌博,大脑就会对他实施惩罚,分泌出让他心烦意乱的梅拉多宁。

所以赌徒在懊悔时会切指剁手——绷带还未解下,他又开始大赌四方,因为他无力对抗体内的生理驱动。

讨好型人格,都曾经历过幼年的奴化训练。不讨好别人就会被惩罚,主动讨好就会有奖励。这种训练从生理上扭曲了一个人,当她们讨好别人时,就会获得多巴胺奖励,而不去做这些低智的事,就会遭受生理上的惩罚。

就这样,讨好别人成为他们的本能。

而本能,必然是低智的。

第四,生理现象只能覆盖,不能消除。

思维无法控制生理现象,你本事再大,内急也需要去洗手间。如果你不去,不是尿在裤子里,就是憋到膀胱出毛病。

生理现象只能覆盖,不能消除。

只要找到能够让大脑分泌更大剂量多巴胺的行为,无论是赌博还是讨好,都会被覆盖。犹如高中生不会再玩幼儿园的游戏,不是高中生有智慧了,而是新的游戏更好玩。

第五,终极的治疗方案——做个坏人。

讨好别人能够带来快感。

惩罚也一样。

如果松子想做个惩罚型老师,发现洋一偷窃,就会寻求惩罚方案:哼,小东西敢跟我斗?整不死你我就不叫松子,我改名叫松母!

松子就会立即打电话给校长,要求校长亲自处理。校长肯定不可能来现场,所以只能报警,让洋一被警察带去坐牢。这时候的松子,也会感受到惩戒别人的快乐。

如果芸娘想破局,更简单。

老公公想让自己给他找小三,那就给他下个套,当老头和野女人做不可描述的事情时突然闯入，胁迫老头把家产的管理大权移交给自己，否则就把此事告诉婆婆，同时把老头扭送衙门。小叔子要求自己做担保借债，担保可以，但他必须要拿自己那份家产做抵押，从而把全部的家产抓在手里。

如果松子和芸娘真的这样做了，就会发现——她们的身边，全都是善良的好人，因为在她们面前做坏人，是没有好果子吃的。让坏人变成好人的唯一办法，是让他们遇到更坏的人。

最后的问题来了：

你有讨好型人格的表现吗？为了讨好别人，你付出了怎样的代价？又替别人承担了什么后果？

答案不重要，思考才重要。拥有讨好型人格的人都有着残破不堪的灵魂，凝聚着大量难言的往事。**没有人能够改变往昔，但是我们可以重塑未来。**当我们学会从生理上调整自己，就能够从心理认知上修正外部世界。

你怎么能穷得心安理得？

/ 01 /

美国女博士芭芭拉曾深入基层，想弄清楚底层劳工贫困的原因。

她发现，美国的穷人也不是弄不到钱，美国市场上工作机会众多，特别容易弄到钱。只不过，如果弄到钱，美国穷人就会飞奔到菜馆，给自己来一顿昂贵的龙虾大餐，又或买台巨大屏幕的电视，又或斥巨资买"效果可疑"的化妆品。

总之要把钱花掉。

却不肯留下交房租的钱。

结果被扫地出门。

芭芭拉引述了一位穷大哥的话："我有权利过好日子，我有权利安排自己的人生。老是吃同一样东西会腻的，我打小就吃热狗，我受够了，我的人生应该吃龙虾，我为什么不能吃龙虾？我就是要吃龙虾！"

这位大哥，拿到钱就狂吃龙虾大餐，然后被人家扫地出门。

芭芭拉替他解释说：那啥，穷人的首要目标是舒爽。

而不是脱贫!

一个人处在贫困之中,或是赚不到钱,那是由你某种固定生活方式所决定的。你如果想改变命运,首先要改变这种生活方式。

怎么样才能改变自己的生活方式呢?

可以跟逃离师学一下。

/ 02 /

逃离师,就是当你遭遇家暴时,教你怎么逃逸的导师。

家暴是极普遍的社会现象。在美国,每四个女人,就有一个正被老公按在地上暴打。如果再加上被妻子按在地上捶的老公,家暴率则更为惊人。

陷入家暴问题的人,无论男女,都在苦苦哀求外界的援助。

然而,外人一旦伸出援手,就上套了——被家暴的人会立即站到暴力者身边,对伸出援手的人恶语詈骂:我们两口子的事,要你管?你不怀好意、不安好心,想拆散我们两口子,自己上位吗?

被家暴的人,之所以反过来讥讽救援他的人,只是因为他陷入了一种固化的生活方式之中。正如美国女博士看到的穷人陷入"龙虾诱惑"中,你自己都舍不得吃龙虾,把钱拿给他,他会不停地狂吃龙虾,吃到你崩溃为止。

所以贫穷也好,家暴也罢,必须要靠自己逃出来。

逃离师,教你逃出来的法门。

第一步,偷偷去银行开个账户,把银行卡藏在只有你才能找到的地方。

为什么要偷偷开账户呢?

举凡被家暴之人,基本上经济都被对方控制了。他不允许你身上有钱,就是怕你悄悄逃掉,让他失去肆意施暴的玩物。所以你要偷偷地开个账户,不在对方控制之内,还要注意不要下载这家银行的App,否则,对方一查你的手机,嗯,你为什么下载这家银行的App?是不是瞒着我偷开账户了?我打死你……最终你会受刑不过,屈打成招。所以千万不要下载开户银行的App。

第二步,把对方不知道的钱,偷偷存在这个账户里。

朋友给的红包,节假日的奖金,都存到里面。

还有些家里不用的东西,可以偷偷卖掉,然后把钱存进来。

扶贫行业有个词,叫"返贫"。家暴这边也有同样的现象,可以称为"返暴"——就是逃离家暴的人,心里会有一种巨大的冲动,非常渴望回到暴力环境中。想回去的理由千奇百怪,但根本的原因是没有钱。

现在你有了钱,就有了逃离的希望。

第三步,偷偷买个新手机,保持充足的电量。

所有的家暴,都发生在密闭空间里。施暴者不仅会对你实施经济控制,还会切断你与外界的联络。被家暴者基本上没法与父母朋友联系,手机更是被施暴者经常检查,所以你需要建立一条新的联络通道,才有可能躲过对方的监视。

一旦你与外界建立联系,就意味着封闭的空间被打开了。阳光之下,会让暴力者的丑陋形象曝光,也会让你获得逃离的勇气。

第四步,随时准备出发。

准备只大袋子,告诉对你施暴的人,这是准备卖掉的垃圾。

然后把你准备带走的东西,全部放进去。

注意,施暴者是非常警觉的,智力极高,随时防范着他的猎物逃脱,所以会经常检查这只袋子,所以这只袋子,一开始时需要放真正的处理品,后来扔掉处理品,就可以带着你的物品逃走了。

第五步,脱逃。

逃走时不要告诉任何人。

无论是谁,都会把你的情况报告给施暴者。

哪怕是爹妈、警察,也会愉快地把你的消息向施暴者通报。

一旦你逃走，施暴者会恼羞成怒。因为他不确定自己是不是还能捉到第二只像你这样温顺的猎物，可以肆意伤害而毫无还手之力。为了让你接受被暴力奴役的命运，施暴者也是下了大功夫的，所以他不会任你脱逃，而是上天入地去搜捕你。因此你必须要逃向施暴者想不到的地方——甚至是你自己都想不到的地方：比如一座海滨小城，你带好自己的钱，用自己的身份证租个房子，再找份工作，渐渐融入当地的生活。开始时你会很痛苦，所有的不习惯，都会让你缅怀被人施暴时的"美好时光"，你在幻想对方变好了，不再暴力了——如果你顶住了这可怕的诱惑，慢慢地习惯了新生活，再回顾此前，恍然人生如梦，会诧异当时的自己，怎么会那么愚蠢。

当你有了新的人生，新的人际关系，重建自己的认知，你会发现，其实你也是个有资格享受幸福生活的正常人。

/ 03 /

逃离贫困，一如逃离家暴。
也是遵循同样的固定流程：
第一，给自己开个"逃脱贫困账户"。
就是再开个银行账户，存入里边的钱，只用在创业或改变命运上，日常消费不可动用。
第二，把收入分成两份，一份用来维持正常生活，一份存入"逃脱贫困账户"。
第三，着手建立新的人际关系。
如果你仍贫困，那么你一定是处于某个"不赚钱"的圈子里。比如前段时间，两个港妹到内地，震惊地发现她们遇到的内地人，满脑子都是吃吃吃睡睡睡，从来没想过赚钱。你在这样的人际关系中耳濡目染，也不可能想着赚钱的事。你必须再为自己建立一个新的商业人际网络，主动结识那些会赚钱的人,这个过程并不容易,但总得开始,才会改变我们命运。

第四,来一场说走就走的旅行。

不会赚钱的人,就算是说走就走,也不过是换个地方花钱。而一个没有"逃脱贫困账户"的人,所有的钱都花在日常生活中,用来购买"舒爽",一般情况下想走也走不了。只有当你决意逃离贫困,建立起逃离贫困账户时,才有可能扩大自己的认知圈,去听那些懂得如何赚钱的人的真知灼见。

第五,逃离。

拉黑那些颓废的人,不管你们此前的关系是多么铁。友情也分低端的和高端的两种,低端的友情,不过是篓子里的螃蟹,自己不思进取,也不让你爬出去。必须要和这类人一刀两断,才不会让他们的颓废观念持续地腐蚀你。

初次从颓废圈中逃离的人,也会和刚刚从家暴中逃出来的人一样,有一种巨大的失落感。感觉"以前那种生活状态也没什么不好",其实并不是以前的生活状态好,而是新的人生之路太难了。事实上,很多没有暴力的家庭,也没多少幸福可言,更不要说有些人,在外边折腾了一六十三招[1],一毛钱也没赚到,只留下沧桑的脸、疲惫的心。这就是许多人逃不出家暴,或是逃不出贫困的原因。**摆脱旧的习惯容易,建立新的习惯难**,你只有明白这个道理,烦乱的心才会平静下来,才会在一个持续的时间周期之内,给自己一个更好的回答。

1.方言,指各种办法。——编者注

第 三 辑

洞悉人性

如何成为一个受欢迎的人？

/ 01 /

有个笑话，说一对夫妻终日争吵。丈夫顶不住了，站在窗前，眺望外边的路，见两匹马拉车而行，就感叹道：亲爱的，生活是一辆载重车，我们夫妻如那两匹拉车的马，让我们放弃争吵，相亲相爱，默契前行吧。

妻子冷冰冰地道：不可能！

丈夫：为啥不可能？

妻子：因为我们两个之间有一头蠢驴！

丈夫：……

这个笑话是想说，确实有这样一种人，固执而倔强，任性又狂妄，让人无法与他合作。

老话说，俩叫驴拴不到一个槽子上，是说有种类型的人，容不下合作者，一旦心理安全区被压抑，就会陷入疯狂恶斗，至死方休。

有些人抱怨压力大，哀鸣道生活充满痛苦。这压力，这痛苦，实则来自合作的艰难。善于合作者是没有压力和痛苦的，只有捞到盆满钵满的快乐。

为什么有些人善于合作,有些人在合作中却备感痛苦呢?

想知道合作的秘密,先来看部美剧——《黑帆》。

《黑帆》这部剧,充满了暗黑的负能量。意思是说,《黑帆》深度探讨了人性的脆弱与冥顽,在打开暗黑心灵盖子的同时,让我们领悟到了人类社会严酷的生存法则。这部片子更接近标准的数学模型,演绎了原生态环境下人与人合作的隐秘法则。

故事从一个叫西尔弗的乘客的经历展开,他在航行中遭遇海盗袭击,于是,他乔装成厨师,混入海盗阵营。多次险死生还后,他和海盗船长弗林特同时被海盗船员废黜。

两人被视为不受海盗欢迎的人,等船靠近随便一座孤岛,海盗们就将他们驱逐下船,让他们死生由天。

这时,被废黜的船长弗林特对西尔弗说:你听着,两天,最多不超过两天,我就会夺回船长之位。而你,如果不赶紧想个法子融入海盗团队,我保证你会死得很难看。

啊,海盗团队也需要融入吗?

唉,这年头,连做个海盗都需要高智商,真不省心。

西尔弗发愁了,能否让这些海盗接纳他,竟成了一场生死考验。

/ 02 /

怎样才能迅速融入海盗团队呢?

西尔弗行动了。

海盗们吃饭的钟点,西尔弗拿了个笔记本,走到甲板上,用力跺两下脚,大声宣布道:活动开始了,今天的天气,晴,西南风。今天咱们船上有位兄弟,他有件超好玩的糗事,他的名字就是……

还没等西尔弗说完,被提到名字的海盗就疯吼起来,冲上来猛地一拳，打得西尔弗咣的一声，像鼻涕虫一样瘫在甲板上，血污满面，爬都爬不动。

海盗船长弗林特诧异地看着这一幕，问西尔弗：你干吗想不开，要自己找死？

西尔弗挣扎着回答：我这不是要努力融入团队嘛……

船长弗林特说：你这哪是融入团队，明明是活腻了。

这一天就过去了。

第二天，又到了海盗们吃饭的钟点。

西尔弗青肿着一张脸，抱着他的笔记本，又走到甲板上，先大声宣布：今天的活动开始了。接着，跺两下脚，开始念日记：今天的天气，晴，东北风。今天咱们船上又有位兄弟，他有件超好玩的糗事，他的名字就是……

嗷！就听一声吼叫，被叫到名字的海盗怒吼着冲出来，咣的一拳，又一次把西尔弗打趴下了。

西尔弗在甲板上艰难地爬呀爬，怎么看都不像在试着融入团队的样子。

第三天，海盗们吃饭的钟点。

西尔弗拖着几乎被打残的躯体，艰难地走到甲板上，宣布道：今天的活动开始了。然后，哐哐跺两下脚，开始念他的日记：今天的天气，晴，西北风。今天咱们船上又有位兄弟，他有件超好玩的糗事，他就是……

被念到名字的海盗火了，怒吼一声，冲上来就要揍西尔弗。

不承想，这时候有几个小海盗拦住了他：哈哈哈，今天丢人现眼的是你呀，有什么不开心的事，快让他说说，也好让兄弟们开心开心……

结果，这一天西尔弗没有挨揍。

次日也没有。

这个奇怪的流程又持续了一段时间。等到被废黜的海盗船长以暗黑心理战术夺回船长宝座后，每到吃饭的钟点，小海盗们就眼巴巴地等着西尔弗出来，急切地嘀咕道：今天又拿哪位兄弟开涮呀？好期待……

等到西尔弗出来，宣布活动开始，并用力跺脚时，所有的小海盗本能地一起抬腿齐跺。这个毫无意义的动作，竟然成了船上的重大仪式。

西尔弗就这样获得了海盗们的认可。不久，他成了海盗们最信任的人，就连海盗船长弗林特都必须谋求他的支持。

/ 03 /

海盗西尔弗的做法，是典型的"美式愚公移山"。

虽然海盗们对他的厌恶如大山一样沉重，但他为了活命，对海盗们强行灌输他的虚构仪式，最终改变了海盗们的习惯，改变了船上的人际生态，让他的存在成了船上生活的一部分。

海盗西尔弗成功了，虽然挨了不少打，但他最终融入了团队。我这里还有一个不成功的例子。

三国时代，最能打的战将中，马超排名第五。

单以战斗力而论，第一是吕布，第二是赵云，第三是典韦，第四是关羽，第五就是马超，第六才是张飞。

有稗官野史记载，马超跟了刘备之后，刘备非常重视他，而马超也不拿自己当外人，见面就亲亲热热地照刘备后脑勺拍了一大巴掌：小样的刘玄德，不是咱哥们儿帮你，你早就死翘翘了……

马超不拿自己当外人，直呼主公姓名，让关羽、张飞怒不可遏，就想杀了马超。刘备劝止。

于是，关羽、张飞就商量了一个办法来警告马超。

有一天，突听中军帐擂鼓，马超急忙赶去，进了军帐就哈哈大笑：玄德你这个二货，又发什么神经了？是不是又欠扁了……话未说完，他就呆住了。

此时，军帐之中，刘备面目威严，居中而坐。关羽、张飞各执兵刃，立于刘备身后，三人六只眼，怒视着马超。

马超茫然地看着刘、关、张，好半响才醒过神来，急忙拜倒：玄德你这个二货……不是，主公，那啥，小将马超参见主公……

马超总算明白了，刘备是他的老板，而老板是需要他尊重的。

需要提醒，才知道应该尊重别人，可知马超做人有多么失败。

此次事件对马超的心理造成了致命的伤害。此后，他在刘备阵营中犹如消失了一般，默默无闻，再也没听闻半点声息。

他实际上等于被废黜了。

/ 04 /

马超的做法与西尔弗没什么区别，都是以自己特定的风格，强制性地改变团队的氛围，以便找到自己的立足之地。

为何西尔弗成功了，马超却失败了呢？

很简单，《黑帆》中的西尔弗是在一盘散沙中建立规则。前面说过，当时的海盗们连船长弗林特都给废黜了。没有船长，没有人指挥，此时的海盗们处于无规则的茫然状态。西尔弗强硬地插入，让海盗们养成固定的习惯，这就是他成功的原因。

而马超面对的是一个水泼不入、针扎不进的紧密团队。刘、关、张的亲密组合，就连赵云、诸葛亮都挤不进去，何况马超乎？

马超最大的错，就是一上来就想放翻刘备，让自己成为主角。刘、关、张当然不答应，所以马超遭到了强势警告。

设若马超学会了用脑子思考，要如何做才能够迅速地融入团队，夺得一席之地呢？

马超的问题，实际上是我们每个人的人生问题。

一个封闭的职业场，犹如一个活的生物，所有人都有机地粘连在一起。新人想要加入进来，面临着马超、西尔弗式的艰难挑战。

年轻人最大的悲哀就在于，他们在心智不成熟、经验最匮乏时，必须完成这个超级艰难的人生课题：融入社会化大生产，融入团队。

有许多成功的融入者，也有许多融入失败的人。

这二者的区别，就在于他们对自我人生使命的认知不同。

懵懂的人、极端自我主义者，拒绝对社会让步，却幻想所有人都如他爹妈一样照顾他的人，必然无法成功融入。这种情况下，就必须洞察人性，知道合作的基本法则。

/ 05 /

成为西尔弗那样的在职场、情场、商场处处受到欢迎的人，而不是一味地坚持自我，无视别人的存在价值，最终像马超一样，遭到团队的无情否定，被排斥到边缘地带，这是我们每个人的努力方向。

有个词叫存在感。什么是存在感呢？

美国心理学家马斯洛分析说，人类最底层的需求是基本的生存需求，要吃饱，不能挨饿。第二层的需求是安全感，不能朝生夕灭，风雨飘摇。第三层的需求是归属感。

第四层的需求就是存在感，也就是让他人尊重和认可自己的价值与存在。

打小起，我们就在体悟获得存在感的方法。有的孩子努力变乖，希望父母夸奖自己乖而获得存在感。有的熊孩子反其道而行之，专门给爹妈添堵，通过让爹妈欲哭无泪而获得存在感。所以，心理学家建议，要多多关爱熊孩子，以免他们用给父母添堵的方式获得存在感。

孩子熊，问题还不大。成年了还一味地熊，就会有大麻烦。

职场中人，都是成年人。

成年人都知道，获得存在感，被团队承认的唯一方法就是：你必须先行赋予别人存在感，别人才会承认你的价值。

所谓价值，就是能够让别人获得存在的意义。不能给予别人存在感的人，是无价值的。

/ 06 /

让别人获得存在感的方式，被称为教养。

这就需要我们，**第一，不做惹人生厌的事，不违背职场基本规则，不以阴暗心理来对待同事，不说有伤他人自尊的刻薄话**。《黑帆》中西尔弗的方法，适用于没有功利取向的同龄交际场，而不适用于层级分明的职场。

第二，要知道别人的难，尊重别人的努力。别人的工作成果在你眼里可能连垃圾都不如——你的工作成果在别人眼里也是这样。完美只在想象中存在，现实是永恒的不完美，你可以苛责自我，但万勿苛责他人。

第三，学会倾听。这个世界上，每个人都急切地想要发表意见。虽然大多数人的意见只是情绪性地宣泄，但心理学告诉我们，一个人废话说得越多，就越快乐。倾听时凝视对方的眼睛，不要走神，你会因为给别人带来快乐而处处受到欢迎。

第四，学会克制自己的冲动，更要尊重对方的情绪。所谓沟通，内容不重要，重要的是安抚对方的情绪——大家都是成年人，谁也没有愚钝到需要你教诲的地步。之所以要沟通，只是因为对方的存在价值未被满足，所以才需要你给予正式的认可。

上述这些大道理，你可以在任何地方看到、读到，所有人都已经读到反胃。但，仍然有相当数量的人做不到。

为什么呢？

因为，自视过高是人类的天性，无视他人则更多的是本能。要翻越人性的藩篱，抵达美好的预期，就必须尊重他人的天性，克制自我的本能——这需要有心人通过点滴实践所得的人生智慧，单纯的文字阅读起不到多大作用。

哪种类型的人最不受欢迎？

/ 01 /

有一次与人聊天，说起什么样的人最不讨人喜欢、最惹人厌。有个在国企做高管的朋友讲了一件事。

他有个同事，说话时必定这样开头：不对，你错了，事情是这样的……这句口头禅，他一天要说无数遍。

不管是正式场合还是私下里，只要这人说话，必然这么开口。第一次听他这么说的人，会停下来，听他解释自己错在哪儿了，可他说了好半天，说的内容却跟人家一模一样。人家根本没错，他只是习惯出口否定人。

为此，高管很认真地跟该同事谈了谈，说：这个，那啥，对吧？人对否定性评价是非常敏感的，咱们说话时，一定要注意一点，千万别张口就说"不对，你错了"……

他的话还没说完，同事就戗道：不对，你错了，人不是对否定性评价敏感，而是对否定性评价敏感，所以人说话时要注意……

他当时鼻子差点没气歪，说：你说的不跟我说的一样吗？怎么就是我错了？

同事道：不对，你错了，咱俩说的不一样，你说的是"这个，那啥，对吧"……

高管朋友说，这个人就是这样，哪怕只是简单地重复你的一句话，也必然要说：不对，你错了……不知他是怎么养成这种奇怪的说话方式的，但他得为自己的毛病买单。

这个习惯否定别人的同事，最终被末位淘汰。

/ 02 /

在场的另一个女孩也讲了一个故事。

她有位闺蜜，处了个男朋友，言听计从的那种，听话得像狗一样，恨不能全身都是尾巴，冲她狠劲摇。但这只是表面现象，时间一长，男朋友的狐狸尾巴就露了出来。

有一天，闺蜜正跟朋友煲电话粥，临近尾声，她在电话里开了句玩笑，说道：垂死病中惊坐起，笑问客从何处来？

正要挂电话，男朋友在一边道：不对，你用错典故了，这两句根本不是同一首诗，情感表达完全不对。

当时，闺蜜诧异地看着这货，她当然知道这两句不是同一首诗，正因为情感表达完全相反，弄在一起才有喜剧效果，可这货连这个都听不出来。于是，闺蜜故意道：没有吧，明明是同一首诗。

不对，你错了……男朋友激动起来，立即拿出手机查询，查询出来后，激动地说：你看，你看，我说你弄错典故了吧，你还不服。

服，我服！闺蜜说：现在，你给我滚，go out（滚出去）！

女孩说，刚开始两人并没吹，但后来非吹不可，因为这男朋友根本带不出去。把他带到社交场所，哪怕现场有800个人，你隔着800公里，也只能听到他一个人的声音：不对，你错了……就是这么喜欢跟人抬杠，实在是无聊透顶。

听了女孩讲的故事，我也想起一件事情来。

/ 03 /

以前，认识一位老兄，三十好几的人了，还在打光棍。

老兄姓焦，刚认识他时，我们喜欢严肃地问：这里有人姓焦吗？他就会急忙站起来，说：我姓焦，我姓焦……后来，这么经典的段子就湮没了，我们私下里叫他"较真斯基"。

因为他喜欢和人较真，会就一句话的细节或是语病执拗地争个没完，直到对方拗不过他，彻底认输。

每年，他都要搞几轮轰轰烈烈的相亲，经常会遇到非常优秀的女性，但相到最后，总是不欢而散。

大家都知道，相亲无果，就是因为他喜欢纠人话把儿，挑人语病，这是相当令人不快的习惯。所以，我们就委婉地提醒他。

他自己也知道，懊恼地直拍脑门，发誓要改过。

不久，他又有一次相亲，遇到了一位知性女郎。初一见面，双方就颇有感觉，热烈地交谈起来。女方说了个成语，"人不为己，天诛地灭"，用以叙说世事之不堪。

可这位老兄一下子就激动起来，立即纠正说：不对，你用错成语了。"人不为己，天诛地灭"的"为"字要读二声，意思是"修行"。就是说，人如果不磨砺自己的德行，就为天地所不容。你说的意思完全是相反的……哇啦哇啦地说了一大堆。

当着介绍人的面，女方非常尴尬，勉强说了句：就算以前是那个意思，现在大家都这么用，许多成语的意思已经变了。

不对，你又错了！他大声说：你刚才还说错了一句话……纠人语病的毛病一犯，他就失控了，开始罗列见面以来女方说话时所犯的错误，越说越兴奋。正说得兴高采烈，女方恼羞成怒，猛地站起来，把一杯柠檬水泼在他脸上，大声说了句：先洗干净你自己的脸，再出来说别人！

语罢，女方扬长而去。

他悻悻地擦脸，嘀咕道：这女人脾气怎么这么暴，幸好发现得早……

他居然还在怪罪别人，真是让人无语。

虽然这老兄有这么个怪毛病，但其他方面的条件还算不赖，所以，最后他还是遇到一个谈得来的女孩，闪婚了。

但婚后没过多久，他就被对方打惨了。

/ 04 /

这位兄台，他娶的妻子学历不是很高，对他喜欢纠话把、找语病的习惯，以崇拜的心态仰望之，认为他巨有才。这大大满足了他的虚荣心，所以，两人迅速成婚。

成婚后，女方的家人亲友来访，这位兄台就忙了起来——忙着纠妻子家人的话把，抓妻子朋友的语病。

吵架那天，大舅哥远道而来，就在他家里聊天。聊了没几句，他就脱口而出：不对，你错了……开始纠正对方的语病，不停地打断对方讲话。起初，大舅哥还有几分羞愧，认为妹妹嫁了个有学问的人。可他一纠而再纠，再纠而继续纠，让大舅哥一句囫囵话都说不完。弄到后来，大舅哥终于火冒三丈，不由分说地揪住妹夫一顿暴打，把老兄打得住院了。

事情闹大后，妻子央求他不要报警，别把她哥哥弄到警察局去。可是，他说：不对，你错了……实际上，他后面想说：行，这事依你，就不报警了，都是家里人……可是，积习难改，开口就是"你错了"，只见妻子脸皮一翻，抢在他后面的话说出来之前动手了。

咣！

那一天，那位年轻的妻子拎起一只样式极奇特的锅盖，在"较真斯基"身上仔仔细细地、全面认真地补了一顿打，没漏过他身上的一寸皮肉。最后，她把锅盖对着他的脸盘咣的一声扣下，宣布道：离婚！

可见这位年轻的妻子真是忍到极限了。

这老兄郁闷得无以复加，跟我们诉苦——我们只能摇头叹息，假装去洗手间，在厕所里捂着肚子狂笑一番。

不笑真不行，这货的悲惨遭遇太令人捧腹了。

/ 05 /

这几件事说的，都是同一类型的人。

较真！

较真不是错，但较真之前否定别人，这就欠妥了。

较真之前否定别人，也只是欠妥而已。但在毫无意义的事情上较真，毫无理由地否定别人，在毫无必要的情形下还这么干，而且异常兴奋、固执，这就相当讨厌，让人无法容忍。

在毫无意义、毫无理由、毫无必要的事情上较真，这样的人似乎普遍存在。

他们不明白，人际交往中，最怕毫无理由地否定别人，死抠无意义的小枝节。这类争执，无论是输是赢，都不会带来结果。

人生的许多事情，根本无涉对错。许多所谓对错，其实只是不同的生活方式而已。

曾轰动网络的"豆腐脑战争"就是一个典型的案例。

有位网友发帖，声称他无法接受咸的豆腐脑，只接受甜的。

一帖激起千重浪，转瞬间，这个帖子下面居然涌现出16万条回复。回复者分成了水火不容的两派，一派是咸派，认为吃咸豆腐脑才是正确的；另一派是甜派，誓死捍卫甜豆腐脑的吃法，最终演变成甜党与咸党之争。

双方都无法理解对方，争战中有呼吁双边会谈的，有表态绝不让步的，总之是开心又热闹，吵得不亦乐乎。

豆腐脑到底该吃甜的，还是该吃咸的？

吃咸的也是吃，吃甜的也是吃，放着豆腐脑不吃争这事，才是腌蛋坛子碰石头，咸的（闲得）蛋疼——这只是个南北生活习惯不同的问题，习惯就是习惯，无所谓对错。如果有谁以己为对，斥对方为错，那就是挑事了。

/ 06 /

回到本文的开头，高管讲的那个同事，已是"三级否定癌"入骨，积习难改了。最要命的是，他被这个习惯困扰，竟然无所察知。

女孩讲的那个男友，连句网络玩笑话都不知道，一味地想要显摆自己的聪明。结果，事实证明，想证明自己的聪明，恰恰是最大的愚蠢之处。这下好了，一个粉白香嫩的妹子没有了，他还要形单影只地独自品尝生活的甘苦。

我认识的那位兄台，固执地纠正对方有关"人不为己，天诛地灭"的说法，老实说，这毫无意义。因为一个成语一旦进入公众语言体系，就会自然而然地演化成最表层的意思。虽千万人，吾往矣——吾往矣也要分事，不该往的别瞎往。在没必要的事情上，你永远不要和公众抬杠、顶牛，公众就是公众，数量意味着实力。除非最具权威的发布系统就此成语做出澄清，否则，公众是必然的赢家。

那老兄不明白这个道理，一味抬杠不休，最终被泼成落汤鸡。

然则，到底哪些问题不需要较真，哪些又真正有价值呢？

/ 07 /

人类的生活，无外乎五个日常领域：

第一部分是情感生活。情感生活是没有是非的，更无须计较对错。我爱你就是爱了，我踹你就是踹了。我乐意，你喜欢，谁也管不着。在情感生活里，一切行为都被赋予了颠覆性解读，打是亲骂是爱，喜欢不够拿脚踹——如果有谁非要在这里讲文明、立规矩，那就是找抽。

第二部分是个人习惯偏好。豆腐脑你喜欢吃甜的，他喜欢吃咸的——遇到这种情况，大家分开吃就好了。同居生活中最忌讳把自己的习惯强加于对方，或是强迫对方纠正某种习惯，凡是这样做的，生活多半会弄得鸡飞狗跳。

第三部分是价值认知。龙生九子，各有不同。习惯不同，生活目标不同，价值体系迥异，人与人真正的分歧就在这里。如果不想现在就动手开打，那就只能对付着相处。所以，在这里，是非的计较完全没必要诉诸语言，文字才是最恰当的载体。

第四部分是日常生活规范。比如使用煤气后要关闭，过马路不要奔着车冲过去，这是常识，也是绝对不可出错的。但好像没有谁为这些事争论不休，这证明每个人的智力还是靠谱的。

第五部分是道德和法律的红线。做人不可无底线，做事不能不讲道德，闯过道德红线，前面就是法律；闯过法律红线，前面就是监狱。这里的是非对错非常明显——在这个地方顶牛、抬杠的人，差不多都进去了，没进去的也正追逃呢。

总之，人类日常生活就这几部分内容，在情感领域没有是非可言，在习惯偏好方面也没有，在价值认知上，大家则是走着瞧。只有在日常规范及道德法律这两个领域，才有必须现在就争出个输赢的是非对错。

/ 08 /

举凡在不该论输赢的地方与人较真的，必是脑壳进水的表现。

遇到这类人，怎么对付呢？

很简单，第一，你要看一下自己的朋友圈，是不是质量不太高。朋友圈的水平标志着一个人的见识、人生成就与视野高度。朋友圈中有一两个怪人，不是你的错；如果这类人比较多，那有问题的，很可能就不只是他们了。

第二，一个巴掌拍不响，喜欢争执的人，必然有一个对手或环境。如果遇到这类人，就瞪大眼睛，认真地听，分析他的思维结构，然后说一句：原来你这样看问题呀，好，好好好。再来一遍……争论者在你这里得不到回响，他自己就歇着了。

第三，喜欢争执的人，多是想以这种方式获得存在感。只有通过否定别人才能获得存在感的人是可怜的，因为他们失去了用人生成就证明自我的机会。既然他们非要说你想说的话，让你无话可说，那你只能干他想干的事，让他们无事可干。

最后就是，让喜欢说的人多说，让喜欢做的人多做。你会发现，他们最初否定你，只是为了争取一个说话的机会。让他们尽兴地说下去，他们自己就会反过来认同你。一切争执都是没有意义的，任何时候，那些想赢的人都先行输定了。

日常生活，真的没那么多是非，对输赢执着是生活缺失情趣、脑子生涩不成熟的表现。**人活着，要为自己创造快乐，只有学会享受人生，不固执不僵化，不呆板不冷硬，让自己的性格呈现柔和的状态，才能够活出味道，活出价值来。**

无视常识的人，
终将被自己蠢哭

/ 01 /

倒春寒，把秋裤扎到袜子里，是对这个寒冷时节最起码的尊重。

饿了吃饭，天冷加衣，这叫常识。

常识，众所周知的知识。与生俱来、无须特别学习的判断能力，或是众人皆知、无须解释或加以论证的知识。

总之，常识就是不需要长篇大论，只要心智健全就会知道的日常知识。

常识是客观的。客观的意思就是，常识不依赖于人的愿望或意志而存在，懂常识也需要智力！

一个人如果无视常识，或是拒绝按常识行事，就有麻烦了。

/ 02 /

投资人周展宏,曾讲过一个极好玩的故事。

他到美国,先去斯坦福购物中心血拼(Shopping),看到一款耳机:这正是我想要的,买买买!

血拼下一站,圣弗朗西斯科的奥特莱斯。

一进门,周先生就惊呆了。奥特莱斯门口正吐血大甩卖——耳机大促销。促销的耳机,正是他在斯坦福购物中心买的那一款,型号、厂家、款式都一样,但是这里的价钱便宜了一半。

买贵了,贵了一倍!周先生懊恼于心,顿足叹息。

他走到促销耳机的柜台前,对店员说:这款耳机,我在斯坦福购物中心买的,比你这里贵了一倍。我能不能把斯坦福购物中心买的耳机退掉,然后买你这里的?

店员说:应该没问题,只要你的包装完整。

包装……周先生仰天长叹:包装早就撕了,没随身带着。

没带包装也没关系。店员热情地说:你可以先在这里买一副耳机,回去后带齐包装,就在市内的专卖店把那副耳机退掉。我帮你查询一下市内专卖店的电话,还有地址。这样你就以一半的价钱,买到了你最喜欢的耳机,多好呀。

那就在这里买了。

于是,周先生买下第二副耳机,但心里隐隐约约感觉到日程安排太紧,根本没时间再去退一副耳机。

但周先生安慰自己说:没时间退货怕什么,反正这副耳机是半价的,至少可以摊薄一下成本嘛。

当店员替周先生包装耳机时,他越看越感觉不对,这里的耳机包装太low、太山寨,和斯坦福购物中心的华丽包装相比,根本不是一个档次的。

担心货品不对,周先生反复询问店员:你这里的耳机,跟我在斯坦福购物中心买的,是一模一样的吗?

Yes！店员肯定地回答。

一模一样就好，周先生放心了：给我包起来。

买了耳机回来，遇到朋友，朋友第一句话就是：你上当了！

怎么会？

朋友对周先生说：奥特莱斯和斯坦福购物中心的货是不一样的——你当美国人傻呀，一样的货标两样的价钱，而且价格差一半？

奥特莱斯的货之所以便宜，是因为这耳机是工厂做的翻新品。

朋友说：不信，你好好看看包装，包装上肯定有标识。

周先生拿出耳机，仔细一看，果然，奥特莱斯买的耳机包装上明明白白标示着：Factory Renewed——工厂翻新！

唉！周先生仰天长叹，说：这次购物被骗，是因为我一次性违背了三个常识。

/ 03 /

周先生违背的第一个常识，是一分价钱一分货。

高质量的产品，必然有相应的价格。精品必然凝结了更多的劳动、更多的智力创造，断无可能卖出地摊价。

但背离这个常识，还真不能全怪周先生。有些人动辄要求物美价廉，也不动脑子想想，物既然美，生产者的劳动量必然加大，要求价廉不过是对生产者智商的羞辱与劳动的剥夺。只要你心里还有物美价廉这种不公平的幻想，就甭想获得公平的服务。

拒不接受常识的消费者，生产商有数不清的法子，让你吃不了兜着走！

/ 04 /

周先生违背的第二个常识是，货好不好，千万不要问卖家。

甭管中国人还是外国人，只要是卖家，没有会说自家货不好的。

美国社会相对成熟，人更诚实些——这个观点，说对也对，说不对也不对。

说对，是因为大多美国人有宗教信仰，怕上帝削他们，再加上法律的热炉效应——违者必被修理。涉及信仰及法律范畴的，打死他们也不敢说谎。

但在这两者之外，美国人显露出来的撒谎天赋丝毫不亚于其他国家的人。

果壳网上有篇文章，叫作《要是撒个谎就能赚钱，还没人拆穿，你会选择诚实吗？》，说的是英国诺丁汉大学的乔纳森·舒尔茨教授在23个国家招募实验者，进行了2568次实验。实验发现，诚实的人，哪个国家都有；同样，撒谎撂屁的人，也哪个国家都不缺。

为了衡量各国人民的诚信度，舒尔茨教授煞费苦心，设计了一个实验。

实验者只身进入一个封闭房间，房间里有张桌子，桌子上有枚骰子。实验者拿起来掷，如果掷出来的数字是1～5，报告数字，舒尔茨教授就立即奖励他们钱。如果掷出来的数字是6，就没钱可拿。

整个过程没有人监督，没有人检查，实验者全凭良心说话。明明掷出了6，如果实验者撒谎，硬说是其他数字，舒尔茨教授也无从知晓，仍然会笑眯眯地拿钱给他。

既然没人监督，有的实验者为了得到钱，就会撒谎。

但是，掷出的骰子点数是随机的。如果实验样本足够大，那么，应该有大约六分之一的实验者拿不到钱——当撒谎现象出现，拿不到钱的实验者比例就远远低于六分之一了。

假如实验者有600人，那么，应该有100人左右掷出数字6，没钱拿——

如果掷600次，没人报告出现数字6，我们就知道大约有100个掷到6的人撒谎了，撒谎率就是100%。如果掷600次，只有30人左右说自己掷出了数字6，那么，我们估摸约有70人在撒谎，这拨人的撒谎率是70%，诚信度是30%。

舒尔茨教授就是根据这么个法则，绕着弯地给各国人民的诚信度打分。

计算表明，德国实验者，超过80%的人是诚实的，20%的人可能会撒谎。英国和瑞典的实验者，说实话的人数在60%～70%之间。中国的实验者，大约有30%说实话。夺得撒谎冠军的是坦桑尼亚，按照统计，他们的实验参与者说实话的比例小于10%——这意味着几乎所有人都在撒谎！

美国的数据不清楚，但应该不会高过英国和瑞典——意思是说，美国至少有一半的卖家不说实话。只要是在没有法律规范的地界，他们什么谎都敢撒。

在美国血拼的周先生不知道这个实验，听信了店员的话，结果上当了。

/ 05 /

周先生犯下的第三个常识性错误，就是忘记自己长了脑子——周先生的原话是：整个购物过程中，我也缺乏独立判断。

当他疑心奥特莱斯的耳机和斯坦福购物中心的货有区别时，他应该做的是拿过包装，仔细阅读上面的说明——美国的法律非常严厉，商家打死也不敢把翻新机写成全新机。如果周先生仔细看一眼，就会看到醒目的红色标识——Factory Renewed！

看到这个标识，周先生就不会再买了。但周先生坚决不看，非要询问店员。店员故意不提全新耳机与翻新耳机的区别，让周先生上了当。

/ 06 /

在咱们这旮旯儿，说谁没有常识，是骂人的话。

但看看厂家的宣传，就知道公众距离常识有多远。

许多厂家都拿物美价廉做口号——拜托大哥，这脑子要进多少水，才会对厂家提出如此无耻的要求？

物美价廉也不是绝对不存在，但供需市场的常态始终是一分价钱一分货。

说过了，物美意味着生产者更多的劳动、更高的智能付出，再要求价廉，这是对他人劳动的极大不尊重，是心智不成熟、偏离常态的妄求。

声称物美价廉的厂家越多，越能证明消费者的心理极端不理性，极端偏离常识，极端幼稚。这样的消费公众，铁定会被狡猾的商家骗惨。

/ 07 /

常识，不过是对客观存在的尊重。

天冷加衣，饿了吃饭，这是对自然规律的尊重。劣品低价，优品高价，这是对他人的劳动与付出的尊重。

我们离常识有多远，我们的智商就有多不靠谱。无视常识的人，终将被自己蠢哭。

黑格尔说，所谓常识，往往不过是时代的偏见。

超越常识的人，会实现与尊重自我价值。远离常识的人，就沦为舒尔茨教授研究的对象。

人性的规律告诉我们，变坏的第一步是变蠢，一旦有谁无视常识，他的心智与德品就变得可疑起来。

有个大学生给我留言说，他一个室友每天晚上在宿舍里煲电话粥，声音还特别大，一聊就是大半夜，吵得大家无法休息。于是，室友们委婉建议他出去打电话，不要吵到大家。对方怒了，反驳道：凭什么让我出去，你们自己不出去？打电话是我的权利，你们凭什么剥夺？

网络上有个热帖，说楼上有户人家买了个跳舞毯，每天大半夜跕跕地跳，吵得楼下的人无法休息。无奈上楼劝说，对方顿时勃然大怒：我在自家健身，碍你什么事了？有本事你搬走啊，凭什么干涉我的自由？

类似的事情有很多，我家楼下有个饭馆，菜相当好吃，可我每次去都要鼓足勇气。因为饭店里的食客说话的声音太大，震得你耳膜轰鸣。我还曾在一家饭店见过一个食客，是个小个子男人，他说话时会跳起来，使尽全身力气呼喊，震得四壁都摇摇晃晃。

会有朋友说，你在这里说的是公德。

可公德，哪个不是基本的常识？

公德界定的是权利与自由的边界。你的自由，止于他人的权利——这是常识！

集体宿舍内煲电话粥、在楼上跳舞、公众场合大声说话等，这些毛病之所以积习难改，说到底，就是因为有些人无视常识、认知扭曲。

/ 08 /

心理学家基思·斯坦诺维奇在《超越智商》一书中告诫道，高智商并不能消除成见。我们还需要理性的头脑，尽量别让自己偏离常识。

偏离常识的人，小焉者丧失理性，做出蠢事；中焉者丧失公德，德品可疑；大焉者丧失智商，又蠢又坏。

所以，第一，**我们一定要尊重自己，尊重自己的智力，尊重自我的价值**，不要让别人向我们投来厌恶与鄙视的目光。自我尊重叫自尊，有自尊，别人才会尊重你。

第二，**我们要尊重别人，尊重别人的付出，尊重别人的智力**。只有尊重别人，才不会不择手段地占人便宜，不会想入非非地追求物美价廉——

重复一遍，物美价廉不是绝对没有，但优品高价才是常识。

第三，**我们不唯要尊重别人的劳动与付出，还要尊重别人的欲望与缺陷**，说透了，就是尊重人性本身。因为智商是相对的，欲望与缺陷是普遍的，尊重这些基本的存在，我们才不会变蠢变坏。

最后要说的是，尊重人性的弱点与缺陷不是别人说什么就信什么，而是要知道人性总是维护自我的，任何时候你失去独立判断力，都会面临人性的阴暗。

这里说的都是常识，都是这个时代的偏见。只有超越这些，你才是对的。

决不能让蠢货主宰我们的命运

/ 01 /

唐太宗李世民有个好搭档——谋臣魏徵。

魏徵是出了名的贤臣，李世民对他极是敬畏。但魏徵最早时并不在李世民手下干活，他的历史很不清白，可以说政治污点比较多。

魏徵最早是隋朝的一个小吏，后来随大溜上了瓦岗寨，这就算起义了。瓦岗寨李密与隋将王世充交战，李密询问部下有何妙策，众人议论纷纷，没一句说到点子上。魏徵按捺不住了，顾不上自己职位不高，出来说：主公，我有一策。比较敌我双方的特点，我方进攻勇猛，但伤亡率居高不下；而王世充那边呢，连粮食都没的吃。所以，我方最优的兵略，莫不过深沟壁垒，避敌锋锐，就这么拖上个十天半月，待王世充那边粮食耗尽，只能退走。然后，我军衔尾追杀，必然大获全胜。

长史郑颋听了，摇头道：你这都是老生常谈，有没有点新鲜的？

老生常谈！当时魏徵差点没气死：这是奇策呀，你竟然说是老生常谈，你家老生长这个模样啊？气急败坏之下，魏徵当夜逃离瓦岗寨。

魏徵前脚逃走，后脚王世充打来，李密兴奋不已地出来交战，结果被王世充打得屁滚尿流。长史郑颋以迅雷不及掩耳之势，高举双手投降了——此后，他就跟了王世充。等到李世民攻打王世充时，郑颋知道情形不妙，就请求去当和尚，王世充怒而杀之。

总之，瓦岗寨就因为摊上郑颋这么个蠢货，不听魏徵的话，结果落得鸡飞狗跳的凄惨下场。

/ 02 /

许多人喜欢说，难得糊涂。还有些人喜欢把这句话写成书法，挂在自家墙上。

说这句话或是挂这幅字的人，无非是想说：我太聪明呀太聪明，可这世道太混浊，容不得像我这样的聪明人。我多希望自己糊涂点，安然高卧度人生……实际上，说这番话或是这样想的人，有许多确是极有品位，但也有的可能不是难得糊涂，而是真糊涂。

我第一次见到"难得糊涂"裱糊之后挂在墙上，是在一对夫妻家里。那种很"高大上"的家庭，有地位，收入高，打扮得也体面，夫妻两人在一些权力部门还有相当不赖的人脉。

但有时候，人脉也帮不了你。丈夫有一天出去混饭局，酒友喝多了，带着醉意，故意撩拨对面的女食客。不料那女食客也是有人脉、有背景的，当场来了几个人，把丈夫这桌人都揍了一顿，揍完扭送派出所了。

事情闹大了，妻子一边骂丈夫交友不慎，一边调动人脉往外捞丈夫。岂料对方势力极大，妻子这边的人脉全然不起效果。于是，这位妻子广发"飞羽令"，江湖救急，把包括我在内的熟人朋友全叫到她家，共商营救方案。

我在一边听了一会儿才听明白，这女人的想法是，白道不行走黑道，找黑社会去捞人。黑社会势力大，又讲义气，只要钱花到位，不信人捞不出来……说着说着，突然话题转向了我。女人问我：你不是和派出所、黑道两边的人都熟吗？帮个小忙吧。

啥？我吓了一跳，急忙解释说：根本没什么黑社会，那都是小地痞看了几部香港电影，编造出来吓人的。他们自称和派出所所长是朋友，所长天天请他们吃饭，实际上是进了派出所，蹲地抱头被打成狗的那种……

至今还记得我说话时那女人看我的眼神，充满了鄙夷与厌恶，好像在说：原来你每天装得人模狗样，实际上跟黑老大根本没交情……

我不帮忙，有人帮。真的有人出来，替女人找来几个"黑老大"——正像我说的，其实就是几个连饭都没的吃的小混混。他们在女人面前假充大佬，狂拍胸脯，猛夸海口：捞人小事一桩，那个谁，刑警大队长知道不？是我妹妹的男朋友……不过，你老公这事有点大，得多花点钱才行。

那就砸钱！女人为捞出丈夫，不计血本。结果，女人砸出来的钱全被小混混们赌光了。然后，他们去找女人要：事情眼看就要成了，就差一个副局长点头了，还得拿点钱……过了几天，女人的钱花得见底了，再听小混混们说话前言不搭后语，而且小混混们相互拆台，女人回过味来，就不想再给钱了。这下惹恼了小混混们。

此前，小混混们与这个女人的社会地位严重不对等，他们根本不敢正眼看她。但女人开门把他们带进家，他们亢奋地发现，这女人胆子小小，为人蠢萌，是极难遇到的肥美猎物。这下，小混混们摔杯子拍桌子，吹胡子瞪眼睛：人是没捞出来，可是钱已经花了，我们每人都替你垫了几万块呀，这钱就白给你了？

女人吓破了胆，坐在地上号啕大哭，什么体面尊严，这时候全顾不上了……再后来，听人说发生了极可怕的狂暴事件，小混混们全都进去了，女人也逃走了。可能在她心里，这世界真的很可怕吧。

这女人就是属于那种真的糊涂却自以为聪明的类型。正因为糊涂，所以才会让一群不上台面的小混混主宰了她的命运。

/ 03 /

　　我还听过一个很悲情的故事,是说一个男孩,他的脑子不能算糊涂,因为他结交了一个很聪明的女友。可没过多久,男孩就感受到压力,女友太聪明,见识处处比他高,天天碾压他的智商,让他的大男子主义没机会显露,感觉好不憋屈。

　　于是,男孩就疏远了聪明女友,迅速找了个比自己的水平略低一点的女孩。在新女友面前,他显得既有见识又有担当,那滋味,爽透了。于是,两人陷入热恋,并结了婚。

　　婚后大半年左右,男孩和妻子出门,妻子可能穿得不太庄重,路上有一伙流里流气的男人,就故意大声说下流话。男孩想拉妻子快点离开,可是妻子当时就发飙了,推搡着男孩破口大骂:你还是不是男人?别人欺负你老婆,你就当缩头乌龟?要是这样的话,以后还怎么指望你……男孩被骂急了,就冲上去和那伙脏男人理论,结果被那伙男人揪住,一顿拳打脚踢,他们还嫌不解恨,又搬起石头来照男孩脑壳砸。男孩就这样被活活打死了。

　　给我讲这件事的,就是男孩的前女友。她说,人哪,哪怕你再聪明,见识也有限,一定要跟着比自己更有智慧的人走,这样才会少犯错误,才能够活得快乐,活得开心。跟着蠢货走,会被活活坑死的!

/ 04 /

　　人的见识,有一个门槛。过了这个槛,就叫聪明智慧;没过这个槛,那就是一个很难说的中间状态。居于明白与不明白中间的这个点,就是一个人是否意识到自己的无知。

　　意识到自己的无知,就是聪明。这类人在自己无知的领域会小心翼翼地止步,不会固执、犯蠢遭人羞辱,当然没必要感叹"难得糊涂"。

相反，意识不到自己无知的人，往往会自作聪明，出乖露丑。由于他们缺乏自知之明，丢人现眼犹不自知，遭到羞辱时，就会仰天长叹"举世皆浊我独清""聪明遭妒""难得糊涂"，诸如此类。

通常来说，聪明的人都不会让自己陷入蠢事之中；而愚蠢之人却因为意识不到自己的愚蠢，往往会干出极可怕的事情来。

比如说隋唐时期，魏徵在瓦岗寨遇到的那个郑颋，那就是一个极恐怖的人。他既不知道自己的无知，也无法研判别人是否高明。魏徵不世出的奇策，他听都懒得听，上来就是一句老生常谈。兵家之争，存亡之战，这么大的事他都不过脑子，你说这该有多蠢？魏徵发现瓦岗寨都是这样的货色之后，立即知道大事不妙。和蠢货们在一起，必然会发生极可怕的蠢事，逃就一个字，撒腿赶紧跑。

魏徵是聪明人，所以他逃掉了。但有些人，智慧不如魏徵，却比郑颋更固执，这样的人生，可想而知，麻烦不会少。

/ 05 /

这里说的两个故事，都有点极端。多数人碰不上这么刺激的事情，但许多人都曾遇到过低水平的合作者或是朋友，硬生生地把一个好的开始弄得一塌糊涂。

要小心蠢人，他们主宰着你的命运！这几个故事中，隐藏着一个极深刻的人世规则与道理。这个规则是，人际交往，最蠢的那个握有主导权；这个道理是，伙伴或是朋友，千万不要找那些比自己更蠢的。

人际交往，历来由水平最差的那个掌握主导权。因为他水平差，就会无理取闹，就会更固执。如果你不听他的，就意味着交情破裂，平白多了个敌人。如果你听他的——连蠢人的话你都听，你说你蠢不蠢？

古人说，人往高处走。这个"高处"，未必是指社会地位，而是指人的居处状态，你得和水平高的明白人在一起，找能够提携你的朋友，这样才有益于你自己。

所以，**我们需要于芸芸众生中挑选出那些最适合我们，能够引领我们、帮助我们、指导我们的朋友。**

/ 06 /

好的朋友，多半符合以下几个条件：

第一是**宽容**。好的朋友具有包容心，能够原谅人性本身的污质。但宽容也是有限度的，越是有包容心的朋友，就越要珍惜。一旦失去一个有包容心的朋友，就可以反过来衡量自己做人是多么失败。

第二是**克己**。好的朋友不会选择伤害别人，不会因红眼病产生嫉恨之心。反过来也可以说，凡是憎恨别人成就的人，都不适宜做朋友。如果你有这样的朋友，那就要小心了。

第三是**有事业心**。好的朋友有自己的人生目标，并稳健前行。如果你交了个志趣相投却没有半点事业心的朋友，那就要小心了，你很有可能渐行渐下，而真正有价值的朋友都会疏远你。

第四是**性格温良，不偏激**。好的朋友心态平和，对人对事都有自己的主见，不轻易随大溜，不会为激烈的情绪所蛊惑。这类朋友属于有脑子的人，凡事多听听他们的建议，会有益处的。

第五是**不强加于人**。好的朋友不会把自己的喜好强加于人，也不会强迫对方认同自己的观点，更不会逼人表态反对或支持某个观点。因为他知道，固执或愚蠢只是人生的一个阶段，没必要揠苗助长，假以时日，该明白的时候就全明白了。只有倔强和执拗，才是最不可取的。

人这东西是很不争气的，好朋友其实帮不了你——许多事业有成的人，身边都有一大堆扶不起来的小伙伴。虽然好朋友帮不了你多少，但一个蠢朋友、坏朋友，能够把你的人生往下拉80米，甚至让你堕入底层，难以解脱。

决不能让蠢货主宰我们的命运。所以，我们应该试着在生活中寻找有价值的朋友。当然，符合这些条件的朋友很难寻觅，但一旦找到，就可以将他们视为你人生及事业的双重伙伴，与他们相伴而行，人生才会顺利，才会开心快乐。

别人是如何控制我们的？

/ 01 /

以前我们说过一件事，有位老兄，脑子很聪明，想法天马行空，不受约束，但就是混不明白，饿得满脸凄惨，没饭吃。

于是，朋友们帮忙，引荐他去了广告公司。

广告，玩的正是创意，正是这类人大展拳脚的好地方——这是朋友们的想法。

但万万没想到，这老兄进了广告公司后，犹如徐庶进曹营，长达几个月的时间一言不发。无论是创意会、选题会还是脑力激荡会，别人都在绞尽脑汁地想各种招法，他却安稳不动如大地，始终板着后娘脸，一言不发。

被广告公司开掉后，他跟朋友们解释说：哼，不是我一言不发，而是他们给的那点工资对不起我的创意。

朋友们摇头说：大哥，你的想法只有在说出来之后才是创意，才可以衡量价值。你在人家那里待了几个月，屁也没放一个，还瞪着牛眼说自己的创意值钱，你自己信吗？

但无论朋友们怎么说，都无法改变他。这是他的选择，别人无法干涉。

/ 02 /

有个大三的学生，给一家媒体写了封邮件，说：今年我21岁，年轻力壮，又有知识，颜值也高。上次参加招聘会，有家企业的HR（人事）拉着我的手说，年轻人，我就喜欢你这样的"小鲜肉"，赶紧来我们公司吧，实习期底薪6000元，我们给你留着位子……

年轻人说：当时我就愤怒地拒绝了。

为啥呢？

他继续写道：我不傻，这家企业的用意我看得明明白白的。他们不就是缺人干活吗？不就是看我年轻，可以多给他们卖力吗？用人市场这样势利，我心里挺难受的。难道社会真的这么现实，只想着利用我吗？

看到这封邮件，大家一脸错愕，你不能说这个年轻人没道理——可是拜托，这孩子是不是把他的自身价值和能力价值混淆了呢？

/ 03 /

德国心理学家罗尔夫·多贝里住在一幢大楼里，同一单元有套房间出租，租给了五个年轻人。

多贝里每天都会在电梯里遇到这几个年轻人。

当电梯里只有一个年轻人时，多贝里问：你们五个人合租，生活垃圾都是谁来扔呢？

第一个年轻人回答：是我，80%的垃圾是我扔的。

第二个年轻人回答：是我扔的，60%的垃圾我来扔。

第三个年轻人回答：当然是我，全都是我扔的。

第四个年轻人回答：都是我扔的，他们都是懒鬼。

第五个年轻人，手里正提着垃圾，听到这个问题就大骂起来：Shit！（脏话）全都是我一个人扔的，他们只负责制造垃圾！

多贝里说，理论上，他们五个人应该扔掉100%的垃圾，但统计数字表明，他们扔掉了440%的垃圾。

多出来的垃圾是什么？是每个人过高地评估了自我的付出！

/ 04 /

美国还有一个很有名的实验，调查夫妻双方，请受调查者为自己打分：你认为在目前的婚姻关系中，你的付出贡献率是多少？

每个人的回答数据不一样，但都高过了60%。

平均下来，每个人都把自己的贡献率多报了50%。哪怕是一个人渣，也认为自己的贡献率超高，认为自己很重要，不可或缺。

这种现象，在心理学上叫自利偏误。这实际上是一种心理错觉，而且是极普遍的。

法国人统计过，84%的法国男人声称自己是高于平均水平的好情人——但我们知道，只有一半人会高出平均水平，而另一半人在平均水平之下。这就意味着，至少30%的法国男人对自己的评估过高。

同样，评估过高的还有智商，有调查表明，多数人认为自己的智商在平均线之上。这意思是说，许多智商不及格的人，坚信自己是高智商人士。

/ 05 /

人类的天性会使我们过高地评估自我的价值、能力、智力与付出。

从学生时期开始，如果成绩非常好，多数人就认为这真实地反映了自己的能力。反之，若成绩有点糟糕，那就是题出得有点偏，老师打分不公正。

有些写作的作者也有这个毛病。我的书卖得好，那是咱写得好，读者慧眼识真金。如果销量太差，那是出版编辑有问题，发行有毛病，读者档次太low，竞争对手的手段太恶劣。

企业里更是这样，部门绩效好，那是我管理者不懈地努力与付出；如果绩效不是一般地差，那是公司不肯给足够的授权，其他部门本位主义严重，不配合，员工水平太low……

回到我们的第一个故事，那位在广告公司一言不发的朋友，他的创意也可能真如他认为的那样，有着超凡的价值，但即便如此，这超凡的创意，从一个想法变成现实，也需要更多的资源投入与智力投入，这其中每一个配合的部分，必然也是超凡的。

但这位老兄只计算他自己的贡献率，给自己的贡献率打分太高，以至于他感觉自己无法适应人类社会了。

第二个故事中的孩子也是同样，他毛也没付出一根，却给了自己有可能的付出太高的估值。

愚蠢的地球人，不陪你们玩了——一旦对自我估值过高，麻烦就来了。

/ 06 /

自我估值过高，是良好关系的杀手。

曾有一个小作者，文笔一般，出了本小说，销量极差。但他的编辑认为，这个作者只是眼界没有打开，如果带他去参加一些社交活动，可能有助于提升他的写作水平。

于是，编辑就自己掏钱，带着作者去见一些很有成就的人士。第一次，作者的脸色就有点难看，编辑粗心，没注意到。等到第二次，作者就怒了，在网上写文章，大骂起来。

编辑很吃惊，因为他为作者付出了很多，自认为没有挨骂的理由，但仔细再想，才意识到问题出在哪里。

编辑见多了作者，知道论名气、文笔，这位作者都有极大的提升空间。

但作者并不这么认为。作者认为自己是古往今来最伟大的文学家，书没卖好，那要怪自己眼瞎找错了编辑，如果换个编辑，早就大红大紫了。

此外，作者认为，编辑把自己坑成这惨样，还死不要脸地缠着他，打着他的名头招摇撞骗，实乃恬不知耻。

两人的关系，这就算完了。

一旦把自己估值太高，第一步是心理不平衡，感到了强烈的委屈；第二步是扭曲现实，认为别人的友善不过是想占自己的便宜。这就滋生出愤怒。一旦委屈到了极限，愤怒得忍无可忍，就宣告了一段良好关系的终结。

/ 07 /

人类是群居物种，合作是人类存在的依据。

一个拒绝付出的人，对任何人来说都没有价值。所谓价值，是联结人际关系之所在。别人从你这里获得多少益处，你就有多大价值。

一段社会关系，或一个社会成果，是由合作者共同的贡献组成的。自我贡献估值过高的人，必然会贬损他人的努力——如前所述，同住一套公寓的合租户，每个人都认为自己扔了50%以上的垃圾，那就意味着，他认为别人加起来的贡献都不如他一个人。

不明白这个道理的年轻人，初涉社会时，会感觉相当痛苦。因为他总感觉自己的贡献太大，所得太少，这种心理发展到极端，就是本文前面说的那两例，当事人会自我放逐——既然这个社会如此残酷地剥夺我，那我干脆不跟你玩了。

一旦被这种心理控制，就会心理失衡。

为什么别人不承认你的付出？

第一个原因，别人不是不承认你的付出——实际上，他们根本没想到你，你谁呀？你算哪根葱？

此时的你可能正处于愤怒与焦灼中，因为你过高地评估了自我的努力。但你的努力并没有引起别人的高度关注，你正满怀悲情，不明白他们为啥这么无耻，不承认你。

你正等着他们的承认。

第二，生而为人，必有人的弱点与人的天性。人的天性是自我的，别人之所以不承认你，就是因为你对自己的付出估值太高了，严重背离了实际情况。

知道这两点，那就好办了。

/ 08 /

知道自己自我评估过高，就要学会控制自己。

知道别人自我评估过高，就要学会理解别人。

第一步，当你感觉委屈时，一定是进行了自我估值，感觉自己付出太多，获得太少，否则不会感觉委屈。这种情况下，你赶紧想想，设若把你的付出与贡献从合作项目中彻底抹去，项目是不是不存在了？如果不是，那就要重新估量自己了。

第二步，一旦你不高估自己，就不会产生委屈及愤怒的情绪，你的脑子就会比别人冷静一点点。就这一点点，就足以让你的脑子腾出空来看看别人，你会发现，别人不乏怒气冲冲者，不乏委屈到泪流满面者。

第三步，给自己一个正确的估值。这世界上死了那么多人，所有的死者，再也不可能从他们的付出中获得回报了。这些付出的成果累积起来，都留给了我们。你会发现，我们每个人都占尽了便宜——当然，有人占的便宜比较多，但这不是我们委屈或愤怒的理由。

第四步，低调，低调，让别人去发牢骚、表达愤怒吧。他们总以为这世界亏欠了他们，实际上，人类文明如此伟大，你我及身边那些委屈者、愤怒者的贡献率基本上全是零。没有丝毫贡献与努力，却整天怨气冲天、怨天尤人，这叫不理性。在不理性的人面前，理性是强大的优势。

第五步，保持理性，保持优势。任何时候，你一旦陷入认知偏误，就失去了理性的优势，有利于你的环境就会突变，生活也会变得处处不如意，变得艰难起来。

还记得托尔斯泰是怎么说的吗？幸福的家庭，都是相似的。

幸福的人生，也是相似的。

你不需要做出什么惊天动地的伟大事业，不需要上刀山下火海，生活不是影视剧，没那么极端的情境让你嗨。

人生就是平平淡淡的，只要你不被人性的偏误弱点引诱，只要少犯错误，就会赢得一个平淡而幸福的未来。

/ 09 /

最后，我们说个小故事，让我们知道，当我们高估自己时，别人是如何控制我们的。

我有个朋友，他下班回家，看到路边有个老太太，好可怜好可怜呀，疲惫的身躯，满头的白发，面前放着一小把青菜，正在摆摊卖菜。

老人家疲惫的身影让他顿时想起自己的母亲，虽然家里并不缺菜，但他还是毫不犹豫地走过去,价也不问,就把老太太摊上的青菜全买下了。

他希望老太太早点回家,享受片刻的舒适与安宁。举手之劳,小小善行,让他获得了心灵上的崇高感。

买光了老太太的菜,他转身回家,走了几步,无意中一回头,顿时惊呆了。只见那老婆婆正不紧不慢地从屁股后面的一个筐中又掏出一把青菜,放在摊上,继续蜷缩在那里卖菜。

这位朋友不禁感叹,这老太太原来是位深藏不露的人性大师呀。

她知道人性的弱点,知道你自我评估过高。

所以,她满足了你。你还有什么不满意的?

讲理你就输了

/ 01 /

2016年的春晚,节目真心不错。尤其是宋小宝的《吃面》,据说轰动了大江南北。春晚过后,有个朋友专门打电话给我,说:老雾,我觉得宋小宝是对的,他就不该付面钱。

我回答说:吃饭不付钱,信不信饭店老板剁了你。

朋友:不要这样暴力,我们要讲道理。

我说:讲道理?你看节目一点也不暴力,卖家也没逼他付钱呀。

朋友说:没逼?没逼的话,宋小宝怎么吃了好几管芥末?

吃好几管芥末……这个……到底逼没逼呢?还真值得回味一下。

/ 02 /

宋小宝的《吃面》是个小品。

节目大概是这样的。宋小宝过年回家，路过一家面馆，进去一拍桌子：你们这里有啥免费的没有？

服务员：茶水免费。

宋小宝：来两壶龙井。

服务员：……没有。

宋小宝：那就来两壶毛尖。

服务员：……也没有，有毛豆。

宋小宝：那算了，来碗炒面。

炒面上来，宋小宝又道：炒面太干，给我换碗汤面。

厨师换了汤面，宋小宝往面里挤了半管芥末，吃完后抬腿就走。

服务员拦住他：你还没付汤面钱呢。

宋小宝：汤面是我拿炒面换的，凭什么付钱？

服务员：炒面你也没付钱。

宋小宝：炒面我没吃，凭什么付钱？

哎哟，这一说全是宋小宝的理了。于是，老板出来，现场观看宋小宝吃面的过程，看完后说：没毛病。可是，我的面钱怎么没了呢？我这脑袋有瑕疵，这样吧，我让我小舅子出来，你再给他表演一场……

于是，小舅子出来，观看宋小宝吞吃芥末面的场景。但小舅子脑子也有瑕疵，看完后说：你没毛病，但我们的面钱怎么没了呢？这样吧，我让我媳妇、老丈人一个个地出来，评判一下你到底多有道理……

还要继续吞吃芥末面？宋小宝就崩溃了，以支付了三碗面钱的"高大上"结局谢幕。

节目就是这么个节目，有意思的是宋小宝的表演。

这个节目之所以引起了轰动，是因为在这个节目里，有个浑然自洽的语言结构，按照这个逻辑，旁人无法在言语上说过宋小宝。而节目巧妙地回避了这个枯燥的逻辑圈套，带来了欢畅人心的喜剧效果。

朋友打电话给我，就是想问一句：宋小宝的逻辑，到底错在哪里？如何一句话戳穿并说服之？

其实，这个节目已经演透了。宋小宝没毛病，是我们的脑袋有瑕疵。

/ 03 /

历史上，如宋小宝这样认认真真地讲道理，反被逼吞芥末的事情真的存在。

全面抗战爆发前两年，鲁迅先生住在上海北四川路，写了一部薄薄的《且介亭杂文》。

书中说到这么一件事：乾隆皇帝起驾出宫，遛弯消食，遇一书生拦路，书生被侍卫当场拿下。

书生大怒：闹啥闹？谁让你们抓我的？真是胡闹，我这里有要献给皇帝的著作，马上给皇帝送去，耽误了别怪老子不客气……

侍卫大骇，急忙把那著作给乾隆皇帝送来。

打开他的著作，乾隆顿时尖叫起来：Oh my god！（我的天啊！），这是个什么怪东西？

"著作"内容只是平庸的以《易》解《诗》，特别的是其结尾的文章，白纸黑字写着一段大概意思如下的话：

陛下，那啥，兄弟我叫冯起炎，字南州，是个读书人。陛下就叫我南哥好了。南哥今天来找陛下，没别的大事，就是跟陛下聊聊。南哥我有两个表妹，一个叫小女，一个叫小凤，好家伙，那俩妞老漂亮了，如花似玉，沉鱼落雁，把南哥我馋得不要不要的……所以呢，那啥，南哥麻烦你帮点小忙，派俩人去我两个表妹家通知一下，让两个漂亮表妹给我当老婆。就是这么点小事，陛下你愿意帮这个小忙呢，南哥我领情，有事你说话。你不愿意呢，南哥也不为难你，毕竟你家大业大，也不容易……

这封信把乾隆皇帝读得五迷三道、疯疯癫癫，神经到了不能再神经。

这个冯起炎，他到底是啥意思呀？他谁呀？以为他才是皇帝不成？竟然指挥乾隆替他跑腿说亲……真是放肆。

于是，乾隆就拿着这篇怪文跟随行大臣商量。

大臣们都说：那啥，陛下，这个冯起炎脑袋有瑕疵，陛下就不要追究了，欺负一个神精病，那未免太……

陛下曰：这文章的事，说来真不大。但冯起炎竟然越级递交材料，这可不行，传朕旨意，把这个神精病发往宁古塔，给披甲人为奴……

于是，勇敢的冯起炎就这样被流放了。

但鲁迅先生的研究成果表明，如果乾隆不流放冯起炎，而是大家一起坐下来，心平气和地讲道理，那就好比饭店老板遇到宋小宝，你纵有天大的理，也说他不过，最好的法子莫过于按住对方脑壳，给对方强灌几管芥末，效果超好。

/ 04 /

鲁迅先生的意思是说，冯起炎拦轿递书，要求乾隆给他说亲，这看起来怪异无比，但贼拉拉有道理。

有啥道理呢？

这个道理就是冯起炎被乾隆皇帝骗惨了，用乾隆的逻辑说话做事，反倒闹得乾隆没招，唯有灌食对方芥末一途。

为了说服大家安心做草民，皇家隆重推出权力伦理规则。这个规则，可称为"君父"，可称为"臣子"。意思是说，皇帝就是爹，大臣是儿子，老百姓什么的，当然是些灰孙子。

这个伦理，由皇家暴力体系来维护，不服者立即灭杀之，不跟你客气。所以，许多人虽然知道这个权力伦理的荒谬，但不敢吭声。

这个规则，大概不会有多少人信——但冯起炎先生信这个，信到了坚定不移的程度。

所以，到了青春期，冯起炎对两个漂亮表妹生了爱慕之心，他那个有瑕疵的脑壳就开始想：嗯，那啥，君父臣子，皇帝是父，是俺亲爹，如今俺这个做儿子的荷尔蒙分泌上了头，那就应该去找亲爹，让亲爹把漂亮小表妹给俺当老婆……这逻辑有错吗？

没人敢说他错了。

那就去找亲爹！

于是，冯起炎兴冲冲地来了，要求乾隆给他安排相亲。

他严格按照乾隆推崇的伦理法则行事，理直气又壮。倘若让他走到乾隆皇帝面前，纵然乾隆也不敢当面说皇家权力伦理是个骗局，铁定被冯起炎说到翻白眼。

乾隆不想翻白眼，又不能说破，就只能灌冯起炎芥末——流放宁古塔。

/ 05 /

有些事，你觉得是对的，那只是你觉得。

你觉得有道理的事，不一定对。你觉得合情合理的事，其实可能只是一个善良的愿望。

看了节目打电话给我的朋友，他是个极逗的人。有一次在饭桌上，他给我们讲了个段子。

他说：我年轻时，一无所有，喜欢上一个善良甜美的女孩。而且，我还有个强劲的竞争对手，是个富二代。有一天，我鼓足勇气，去找女孩，恰好遇到富二代开着华丽的跑车过来了。是跟我走，还是上富二代的跑车？女孩面临着重大的人生选择。

当时，女孩说：没钱不是问题，重要的是你要有一颗上进的心，你只要……

讲到女孩对他说出"你只要"三个字，他就不讲了，低头开始吃饭。

我们当然要追问：你只要什么？

他回答说：车开走得太快，我没听清……

唉！大家想笑，又忍不住叹息。

大家内心是有一个真诚愿望的，希望女孩放弃正常的物质需求，为穷孩子打拼、牺牲。最美丽的爱情故事是这样，最理直气壮的道理也是这样。

但现实，偏偏和我们的愿望拧着劲来。

这只能说明，**有些你所谓的道理，不过是你的愿望。**

人类就是这样一个奇怪的物种，把自己的愿望伪装成"道理"，但愿望与现实有着天壤之别。许多人只有被灌几管芥末后，才会醒过神来。

/ 06 /

愿望是主观的，道理是客观的。

主观的愿望就是不理会现实，完全由语言体系结构组成，逻辑上浑然自洽，相互佐证。生活实践不足的年轻人，多有一套或几套这样的"道理"，除非跳出他特定的语言体系，否则无法与他对话。

客观的道理以双方为中心，玩的不是语言话术，而是一个双方都能够接受的规则。

比如宋小宝吃面，他也知道这世间的规则，就是在饭店里吃饭要付钱。但他有个不想买单的真诚愿望，就将这个愿望组装结构，演变成一个浑然自洽的语言体系。这个体系在逻辑上循环自证，所以饭店诸人硬是说不过他。

乾隆时代的逗憨书生冯起炎，也有这么一套浑然自洽的语言逻辑。

所有这些语言逻辑，或是排斥社会规则，或是否认他人利益的存在，都是片面的，不过是主观愿望的表达，无法立足于现实。

现实是最好的老师。

想要说服冯起炎，告诉他君父伦理是荒谬的，根本不可能。在乾隆时代做不到，现在也做不到。因为在他的逻辑中，已经先验地将权力体系设为公正严明的。这在权力社会是个禁忌，你不能碰。

你不能碰，他就赢了。只有宁古塔的风雪才能告诉他什么叫愿望，什么叫冷酷的规则。

谁也无法说服宋小宝，因为他不接受社会规则，只认他自己的愿望。唯有几管芥末，才能够让他放弃固执。

道理是抽象的，适用于所有人。愿望更抽象，但只适用于话语人自己。

这是衡量道理与愿望的基本方法。

道理是一种人际法则，能够让你建立起自如的人际关系。愿望不过是内心的渴望，但社会是否接受，不取决于你自己。

所有的道理，都有一个适用边界。

如果道理只适用于你自己，那么这道理百分之百只是愿望的伪装。不被接受的道理越是冠冕堂皇，你在现实中被喂食芥末的概率就越高。

必须找到适用于更多人的道理，让每个人于其中看到自己的机会，这才是真正的道理。

和菜头有句名言：我所说的，都是错的。

这句话深刻地折射出人类语言的欺骗性。

对年轻人来说，坚持自己的观念固然有其道理，但意识到自己的局限才是真正的智慧。

这里说的，跟宋小宝的《吃面》一点关系也没有。只不过春节时大家想要欢笑，而宋小宝做了公众期望他做的事——做个有更多人需要你的人，就是对的——这才是人世间最有价值的道理。

凭什么你伤害我，
我还要感激你？

/ 01 /

岳云鹏有个视频，火爆朋友圈。

岳云鹏，德云社相声演员，胖乎乎、肉墩墩的。

他在接受采访时，述说了自己"被污辱与被伤害"的人生悲惨遭遇，引起了共鸣。

这段采访是这样的。

岳云鹏：我就纳了闷了，为什么就能开除？比如说后厨，我蒸东西，那蒸锅是我天天蒸，时间长了也做得挺好。厨师长的小舅子相中我那工作了，没有理由，走，走，走，那走……我去做保洁员，刷厕所，男厕所、女厕所，天天刷，天天刷，多脏我都见过。没关系，这是我的工作，我拿着这份钱呢，没关系。老板去了，老板喝多了，去了，他男的嘛，上男厕所。当时我正在女厕所搞卫生，他吐了，我第一时间没看见，他第一时间出来没看见我，他就把我叫过来，说你是这儿打扫厕所的？我说是，他说

"走,走"。我说为什么?我觉得挺冤的,我说为什么,我正在搞卫生,我没有闲着呀。(老板)说,我吐了,你没有第一时间处理,走!

旁白:岳云鹏最不能忘记的,是15岁那年他做服务员时的一次经历……

岳云鹏:做服务员吧,啤酒数量写错了,把3号桌点的两瓶写成了5号桌,人家就不愿意了。我说,我给您打个折?不行,骂我,各种污辱我。我说给您打个五折,不行。我说给您免单,352块钱我掏了!

主持人:就为了那几块钱的啤酒?

岳云鹏:6块钱两瓶啤酒,6块钱,各种污辱我。

主持人:现在想到这件事时,心里浮现的是什么?

岳云鹏:我还是恨他。

主持人:是悲伤还是气愤?

岳云鹏:我还是恨他。春晚都上了,你是一个演员了,你挣得比原来多了,有面对面的节目,这么有深度的节目采访你,你应该说实话,你应该怎样怎样,你不应该恨他了,你应该感谢他怎么样。如果没有他,你不会被开除,你没有机会认识郭德纲。我还是恨他!我特恨他,到现在我也恨他。你凭什么?我……我都给你道歉了,我什么好听的话都说了,你还这样……

主持人:你把它写进过相声里吗?

岳云鹏:没有……

主持人:为什么?

岳云鹏:我……我不敢想,我不想回忆这段。从那大哥买单一直到他走,得有三个多小时,在那儿跟我纠缠,各种污辱我,什么好话我都跟他说了,什么都跟他说了。大爷大妈,不光他一个人,一桌得有五六个人,全听那……那一个人在说,没有一个人说"差不多得了"……

/ 02 /

岳云鹏这个视频，不同年龄的人看，感受是完全不同的。

年岁大的人，从一个疲惫不堪的时代走来，心里积压着沉重的负荷。他们一生所受到的伤害，是岳云鹏这类新生代演员所无法想象的。

所以，网络上曾风行这么一个鸡汤段子：

感激伤害你的人，因为他磨炼了你的心志；

感激欺骗你的人，因为他增进了你的智慧；

感激中伤你的人，因为他砥砺了你的人格；

感激鞭打你的人，因为他激发了你的斗志；

感激遗弃你的人，因为他教导了你该独立；

感激绊倒你的人，因为他强化了你的双腿；

感激斥责你的人，因为他助长了你的定慧。

凡事要感激，学会感激，感激一切使你成长的人！

此类鸡汤曾经大行其道，但与岳云鹏同时代的年轻人不再认可这个。

他们在问：凭什么？

/ 03 /

为什么此前会有"被伤害了还要感激"版本的鸡汤风行？

先来看一个冗长的旧案。

案情简介：80岁的应老汉在1951年和李某结婚，生了女儿小应。女儿一岁时，应老汉离家出走，6年后离婚。女儿则由母亲抚养，应老汉不承担抚养费。

现在，老应年纪大了，就向女儿提出赡养要求，并把女儿告上法庭。

在庭审中，法官耐心地做起了对女儿小应的劝导工作。他说，虽然当年应老汉没有很好地尽责，但毕竟是父亲，所以不管从法律上还是从情感上说,小应都应承担赡养义务。经法官调解,双方达成一致:小应支付父亲上一年度的医药费,同时从当年起,应老汉所有的医药费由女儿承担。

知乎上也有个类似的案子,抛弃家庭的渣父亲嗨了一辈子,死狗一样地往没抚养过的儿女门前一躺,法院立判儿女赡养。年轻人视此为不公,上知乎找"大神们"说理,"大神们"能躲多远就躲多远,没一个去回答这类问题……

这就是"被伤害了还要感激"版本的鸡汤风行的原因。

现实是不公正的!

/ 04 /

人类普遍的心理是渴望公正的,哪怕这公正是虚幻的,那也得有。

但现实是不公正的。现实的不公正,体现在三个方面:

第一,财富分配不公正。人类是群居生物,有多吃多占还不允许别人说话的财富分配者,有毛也捞不到一根、拼死累活的底层人士。此前有无数人,以为靠暴力能够改变这种不公平——但暴力带来的结果,只是更大的不公平。

暴力扭曲了人们的心态,必须"感谢"那些不断伤害自己的人——不感激他,就宰了你。甚至皇帝下令宰了你,你都要谢主隆恩,谢了给你个痛快,不谢就虐杀你,你自己掂量着看吧。

第二,社会权利分布不公平。在一个尚不完善的社会里,责任与权利往往是不对等的,越是没有权利的人,越是被强迫承担更多的社会责任。比如说前面的赡养案,小应明明是被父亲抛弃的孩子,却被迫赡养不负责任的渣父亲,就是因为社会没有完善的赡养机制,赡养机构缺位,这个理应由社会承担的责任,就以法律的名义,强迫受到伤害的孩子继续被伤害。

第三,人心天然不公平——每个人心中的公平都是自我的。你的公平，意味着对别人最大的不公平。每个人心里，最大的就是自我，都有一个自以为是的公平方案。正是这些人"获得公平"的努力，对岳云鹏等年轻人造成了新的伤害。

社会的与心理的，这两种力量的交合并错，形成了现实。

/ 05 /

现实就是，社会是个成年人社会，甫入社会的年轻人面临着极端不公的博弈态势。

这种不公的态势，让许多人纵然受到心理伤害，也无法可想。

比如说秦汉时代，有个韩信，他胸有谋略，但年轻时饭都没的吃。这对他来说就够不公平了，当地的一个混混又堵在路上羞辱他：韩信，你天天挎着把剑，装什么大尾巴狼？你有种就捅老子一剑，没种就从老子裤裆下钻过去！

韩信选择了屈服，他趴在地上，钻过了对方的裤裆。

到了《水浒传》所写的北宋末年，青面兽杨志也遭遇了和韩信一样的难局。泼皮牛二找他的麻烦，但他不肯忍，手起刀落，真的爽快——付出的代价是，杨志沦为"贼配军"，被打落至社会最底层，被迫上梁山。

韩信除了个人尊严与名誉的损失，倒是没付出太大的代价。他功成名就后，回到家乡，把那个污辱他的混混找来，不仅没有杀他，反而提拔了这个污辱与伤害自己的人。

韩信为什么不能快意恩仇，报复对方？

因为社会舆论对他极为不公——韩信，既然你有本事、有能力，就得大人大量、心胸宽广，你敢报复就是小肚鸡肠，就是不能容人。

这就是"被伤害了还要感激"版本的鸡汤风行的原因。

因为这个社会总有些没有廉耻、没有尊严、跌破底线的人。一旦你与这类人有交集，就千万甭琢磨公平的事。你还要尊严，还要未来，还有自己的理想,就为了一个不堪的人,你要赔上这所有的一切,试想,值得吗?

同类的鸡汤还有:走在路上,被疯狗咬了一口,难道你还要咬回去吗?

不能咬回去,只能忍气吞声。忍气吞声又太痛苦,于是以鸡汤自慰。

说到底,就是自慰而已。

/ 06 /

做服务工作的人,最容易遇到泼皮牛二式的人物。

岳云鹏把啤酒数量写错了,对方不依不饶,居然连免单也不行,那他们到底想要什么?

我们不能说这些食客就是牛二,但他们肯定是想要比免单更大的补偿。三个小时无休无止的纠缠,这绝非正常人能做得出来的。

岳云鹏说:我现在还恨他。

可是,岳云鹏恨他又能怎么样?那几个人,不过是人群中无名无姓的几个人,单凭他们为写错了啤酒数量就闹腾三个小时,就知道他们已经没有多少精力做正事了。他们的人生成就,不会高过岳云鹏,这种恨,又有什么意义?

但岳云鹏说的是真心话,对一个未成年人而言,那样的伤害是刻骨铭心的。现在,岳云鹏还年轻,假以时日,他可能会成为国际巨嘴……不,国际巨星。他可能不会再说起这事,但伤口在心,夜夜隐痛。

伤害就是伤害,没有正面价值。感激伤害者,认为是这种心灵伤害让你成长,不过是表错了情。

人类有一种恒久的错觉:伤害使人成长,危机让人强大。

这句话的起源点来自尼采——他是一位伟大的哲学家,但他这句话没有丝毫道理。

我们的传统文化中也有类似的观点："自古英雄多磨难"，"梅花香自苦寒来"。

然而，一个人的成功更多地来自责任意识，来自自我尊严的觉醒，与社会伤害或是磨难没有丝毫关系。更多的痛苦者、受磨难者成为抑郁症的牺牲品，一生也走不出心理阴影。

蒙受苦难并成功只是小概率事件——实际上，更大比例的成功者根本未曾遭受过如此强烈的屈辱。

让岳云鹏走人的厨师长、老板与凌辱他的客人，在这世上比比皆是，他们是情绪化的普通人类，或许时间会让他们变得理性起来，但更多的不理性者会填补他们人格上升之后的空白。

一个岳云鹏拼争出来了，更多的少年则沉沦了。

这是永恒的现实。

/ 07 /

到底该如何看待强加于我们身上的无耻羞辱？

第一，被伤害了还要感激，是毫无意义的。伤害与成长之间并没有丝毫逻辑关系——如岳云鹏这类被伤害的少年，数量太多了，但成为岳云鹏的，凤毛麟角。

第二，安稳的环境也跟成功毫无关系。美国曾有个少年，中了大奖，从此狂饮滥吃，颓废吸毒，最后生生把自己弄死了——对一个人最残忍的事，莫过于给他无数的钱，却不给他一个人生目标。

唯一与成功有关系的，是当事人自身的努力与强大。 你不够强大，没钱，贫困会压垮你；有钱，富裕会压垮你——你自己就是垮的，什么也撑不起来。

韩信的人生告诉我们：在羞辱面前，忍耐是毫无意义的。

青面兽杨志告诉我们：在羞辱面前，不忍更无意义。

因为你遭遇的，是对你的人生、对你的未来毫无意义的事。在这类事上，哪怕你只花了一丁点心思，都属于严重的浪费。

你需要的，只是变强大而已。

羞辱者永远存在，走你的路，让他们相互去羞辱吧。

做一个强大的人，就意味着要学会与不堪的人周旋。

岳云鹏本事再大，还能不让那些羞辱过他的人听他的相声？

记住，在你生命中，有些人永远只是路人。他们向你欢呼也好，他们向你吐唾沫也罢，这只是他们自我的情绪宣泄，与你没什么关系。你的任务是向前，向前——但无论你冲出多远，你都在他们中间。

每个人的人生成长过程中，免不了要遭遇伤害事件。有高远目标的人，会如岳云鹏那样，捂着伤口继续冲，等到获得话语权，再回头告诉你，这种伤害是不应该的。没有人生目标的人，这个伤口就成了目标，他会一生哭天抢地，让人来看他的伤口，这就贻误了自己，娱乐了别人。我们万不可成为后者这类人。

自身的人生目标是修复小型伤害的良药，它会让你人格强大，意识到除了人生目标之外，一切都只是个过程。

目标让你平静。这世界，有人在前行，有人却靠拖住别人的脚步而求得心理平衡。不要理会这些人，被疯狗咬了，该做的事是打疫苗，而不是感谢疯狗。

目标让你温和。你知道他人的羞辱是如何伤害自己的，度己察人，任何时候都不要让自己成为羞辱者。

目标让你心灵强大，面带微笑。这世界就是这样冷酷，它对你的伤痕不感兴趣，它只想看到你的微笑，看到你变得强大。

别让伤害你的人，
决定你的价值

/ 01 /

宋小宝，最红的喜剧演员之一。他在某个节目中倾诉了他悲惨的往事。

他自述，早年他在劳务市场上找活干，手里拿块牌子，举在胸前，上面写着自己的劳务标价，与其他务工者站成一排，等待雇主挑选。

雇主进来，根本不看务工者的脸，只盯着胸前的牌子看。务工者们的价格拼杀极为惨烈，开出的价钱令人鼻酸——每个月只有300元左右。哪怕开价比别人低10元，都有希望找到工作。

宋小宝开出的价钱是每个月320元。他幸福地被雇主选中了。

宋小宝说，他工作了两个月，雇主发工资时，按理应该给他640元，可是雇主只给了他200元。

宋小宝问为什么这么少，雇主回答说：你没有暂住证，给你办证花掉了。可怜啊，只有这么一点点的活命钱，还要再被扒一层皮，若非宋小宝自述，很难让人相信。

但有钱拿，就已经够幸福的了。

宋小宝说，有一次，他刷盘子，把一只油腻的盘子拿到了刷水果盘的地方刷，忽然脑袋轰的一声，就什么也不知道了。

醒来时，他发现自己倒在地上——是被人一拳打在脑后，打得当场昏死过去——殴打他的人，正俯身冲他破口大骂。大概是骂他不该把油腻的盘子拿到刷水果盘的地方来刷……

就算是不该把油腻的盘子拿到刷水果盘的地方刷，也不该打人。何况把人打得昏死过去，已是恶性暴力了。

听宋小宝讲述残忍的伤害事件，根本看不到干预的力量。这样的环境，实在是令人惊讶。

宋小宝并非第一个痛说革命家史的，此前还有个岳云鹏，也曾讲述他少年时期出来打工所遭遇的一桩桩悲惨事件，在后厨蒸馒头被厨师长的亲戚挤掉，打扫厕所被蛮不讲理的老板赶走，做服务生又遭顾客人身羞辱。

岳云鹏满脸哀戚，曰：各种羞辱我。

凭什么你伤害我，我还要感激你？

我们当然知道岳云鹏不会是特例，但万万没想到，宋小宝竟然比他更惨。

还有没有比宋小宝更惨的？难说，这世道，出什么怪事都是正常的。

可这世道为什么这样？

/ 02 /

此前，美国威斯康星州拉克罗斯市电视台的女主播詹妮弗·利文斯顿突然大红大紫，火爆朋友圈。

事情的起因是，有位观众写邮件给詹妮弗，称詹妮弗太胖了，作为一名女主播，如此肥胖，有违己身的社会责任，诸如此类。

但詹妮弗认为，这个要求是恶毒的，是不能接受的。

她对此的评述内容如下：

我想花几分钟谈谈这星期以来我为何成为众人讨论的话题，尤其是在Facebook（脸书）上，我俨然众人目光的焦点。上星期五，我收到一封标题为"社会责任"的来信，内容是这样的：詹妮弗，你好，我不常看你的节目，但我今天看了一小段。我很惊讶，这几年你的体形完全没有改变，很明显，你不把自己当成时下的年轻人，尤其是女孩子的榜样。任何人都不该放任自己肥胖，何况肥胖还会严重影响健康。希望我的一番话能让你反思自己身为公众人物的责任，你应该带头提倡健康的生活方式。

身为媒体人的我们，时常受到观众的指教与批评，我们也知道这种事在所难免，但这封信实在是有点过分了。对于这种关于身材的玩笑，我原本想一笑置之，但我的同事无法做到，尤其是我先生迈克·汤普森，他是我们电视台6点到8点的主播。麦克把这封信贴在他的官方Facebook上。结果呢？很多人受到启发，数以千计的留言不但安慰了我，也告诉大家，这样伤害他人是不对的。

请再给我几分钟。没错，我是超重了，你可以说我胖，也可以用医生惯用的"过度肥胖"来形容我，但写这封信的人，你以为我不知道自己的身材怎样吗？你以为我需要你那几句刻薄的话来指出这件事吗？

你不认识我，也不是我的朋友，更不是我的家人，你自己也说你不常看我的节目，除了外表，你对我一无所知。不要只把我看作一个穿大尺码衣服的人。借此机会，我想告诉大家一件事，可能有人还不知道，10月是全国"反欺凌宣传月"，欺凌现象在校园及网络上越来越严重，这是当下年轻人都面临的大问题。身为三个小女孩的母亲，我感到非常忧心。总之，那位先生说的话对我来说一点意义也没有……

詹妮弗最后说的是：

我真正在意的是，有些容易受到他人的言语影响的孩子，每天都会收到和这封信一样甚至更恶毒的批评。网络变成武器，学校成了战场，因为社会上存在着像写这封信给我的观众这样的人，所以小孩子会跟着有样学样。如果你也在家里谈论那个胖子女主播，你知道吗，你的孩子也很有可能去学校骂别人是胖子。我们必须教孩子如何以善待人，而不是伤害别人，我们得以身作则。

过去四天里，很多人挺身而出替我说话，你们的一字一句都深深地感动了我。一路上的同事与朋友，我的家人，我最亲爱的丈夫，还有些我可能无缘见到的人，非常感谢你们的支持。对于这种恶霸，他们恶毒的信不足以影响我们，他们无法击倒我们，因为我们更强大。

最后，我想对感到彷徨的孩子说：**不管你为体重、肤色还是你的性取向或者生理缺陷，甚至脸上的痘痘所苦，听我说，别让伤害你的人决定你的价值，希望你们从我的经历中学到，跟众人的鼓励比起来，他人无情的言语攻击不必放在心上。**

/ 03 /

对他人的身体特征或是身材妄加评判，这事别说是在美国，即使是在中国，也是不可原谅的冒犯。

但，并不是每个受到冒犯的人都有勇气反击。这取决于周边的文化氛围，取决于反对羞辱或伤害意识的强烈程度。

曾有位母亲撰文，抨击我们无日不面对的羞辱文化。

羞辱文化，是当你面临问题时，评论者不是针对社会问题发表观感，而是转向对你人身羞辱的现象。

比如说，这位母亲的孩子在英语世界里大方而自信，而在中文环境下，就变成了一个有些胆怯的孩子。于是就会有人说：谁让你在北京的时候不择校？重点学校的老师就不一样，个个都是高才生，懂得尊重孩子。所以啊，还是要买学区房……

这就是羞辱，毫不留情的羞辱。

你敏感，你就会介意别人对你的羞辱，于是新的羞辱又来了。你为啥这么敏感？为啥这么玻璃心？

你胆小，你就不会争不会抢，所以你活该得不到资源——因为"你为什么不变得大胆一点"？

你好动，你无法一动不动地坐满45分钟，老师就有权羞辱你，因为"别人怎么就能坐着"？

此类事件，许多人是感同身受的。

有个朋友，歌唱得非常好，大家一起去歌厅时，经常当她拿起麦克风清唱时，喧闹的歌厅顿时陷入沉寂，所有人都充满惊愕地看着她，拼命回想她到底是哪个走红的歌星。

但她只是个缺乏自信、保守羞怯的普通女孩。据她自述，她小时候便知道自己歌唱得好，所以特别喜欢唱歌。可是，她母亲工作压力太大，心烦，就挖苦她说：不要脸，唱得比乌鸦还难听，还好意思唱呢。

这一句羞辱，让她的人生陷入沉默。

尽管她从未责怨母亲，但她失去了快乐，失去了人生的一种可能。

还有个女孩，小时候数学学得非常好，可是老师说：嗯，男孩子抽象思维更发达，女生一开始表现好一点，慢慢就会被男生甩下。从此以后，她就开始憎恨数学，憎恨自己是个女生的事实，数学成绩也一落千丈。老师这句无心而发的话，成了她一生的心理阴影。

还有个朋友在网上撰文，说她小时候被同班的大块头同学欺负，她哭着告诉老师。老师却冷冰冰地扔过来一句：他怎么不欺负别人？还是你自己有问题。

是你自己有问题！这是羞辱文化的中心逻辑。

/ 04 /

在这种文化氛围中长大的孩子，他们会怎样看待这个世界？怎样看待他们身边的人呢？

于羞辱氛围中长大的人，对于像岳云鹏打工状态时那样的年轻人，是充满关怀呢，还是会被各种羞辱，甚至被羞辱几个钟头呢？

当他们遇到像宋小宝打工状态时那样的年轻人，刷盘子刷错地方了，是温和地告诉他一声，还是照他脑后重重一拳击昏他呢？

当他们打开电视，是倾听节目评述、关注焦点，还是两眼死盯着主播的身材，随时准备写信羞辱，甚至还感觉自己正义感爆表呢？

我们不是太确定这类事。

但我们知道，在一个缺乏足够的同情心、同理心的社会里，人际关系会变得异常艰涩——人们习惯于相互羞辱，学习各种羞辱方式，发明大量的羞辱性用语。网络上，这类羞辱，甚至咒骂，许多人都曾亲身经历。

入鲍鱼之肆，久而不闻其臭。

但这样并不好，真的不好。

/ 05 /

女主播的身材到底有多重要？

主播是一个面对公众的职业，起码的仪表规范是必要的，但观众打开电视，多数人要听的是她的专业观点和评述。

我们这边的女主播很难鼓起勇气，对抗汹汹的羞辱文化。如果遭到观众挑剔，不乏忍辱接受者，无论这种挑剔对其造成了多大的心理伤害——对抗会引来新一轮的羞辱：谁让你这么玻璃心？身为主持人，你要注意社会影响……

其实，这反而会放任不良羞辱泛滥，让我们的心与环境日趋不堪。

是时候了，我们应该做点什么。像詹妮弗那样，勇敢地站出来，对羞辱者说一句：你这样无视他人尊严、伤害他人，是不对的。

别再让伤害你的人决定你的价值！

也别让他们的暴戾左右我们周边的世界。

岳云鹏、宋小宝在打工时代之所以会遭受如此伤害，与我们身边的羞辱文化风行应该是有关系的。

从现在起，别让我们再对岳云鹏们、宋小宝们说：你活该，谁让你穷？谁让你生在底层？你有本事，生在有钱人家里呀？别再说这种毫无良心的羞辱之言，这暴露出我们内心的庸俗与卑劣，更暴露出我们心中的阴冷。

别再对身边的人说：长得丑不是你的错，出来吓人就是你的不对了。别再说：你是个天使，只是下凡时脸先着地……哪怕是再亲近的朋友，也希望在你这里获得认可与体谅。朋友之交，粗鲁与亲昵意味着心灵无距离。但正因如此，我们更应该爱护友情，主动维护朋友的心理自尊。不因为伤害横生怨怼，那是朋友们的宽厚；无视朋友的自尊，肆意凌侵，这却是我们的嗤鄙浅陋。

别再对人说：你是玻璃心，你很low。玻璃心有什么错？或许他本是敏感型的人，又或是他正在成长中。谁没有玻璃心的时候？强大固然是我们努力的方向，但对他人脆弱心理的踩踏绝非强大，而是暴力、蛮横。

别再对他人评头论足，更勿取笑他人的生理特征。小时候，我们还稚嫩，以为外表就是一切，但当我们长大成熟，就应该知道与人交往应关注对方的内心。

别再轻言自己是善良的。

善良，始终是我们企望难及的崇高智慧。

生活在羞辱文化的氛围中，你或者我，都曾有意无意地伤害过别人。善良的发端，至少要保持对他人的尊重，对脆弱人性的呵护与包容。这个社会还不完美，还有许多像岳云鹏、宋小宝打工状态时那样的孩子正在努力拼争，请对他们好一点。不是因为他们会成长为岳云鹏或是宋小宝，而是为了保护我们自己的心，不要被熟视无睹的恶浸染到内心冰冷如铁石，丧失了最基本的辨识能力。

谁的人生不委屈？

/ 01 /

早年间，美国有家电视台播出了一个很轰动的节目。

主持人做简短介绍后，请一位极有声望的心灵导师出场。

导师向观众展示一只有许多小抽屉的木箱。然后，导师把木箱留给主持人，转过身，背对观众。

他要表演的是：透视你的心！

愿意接受心灵导师咨询的观众请举手，主持人随机选人。

第一个上来的是位家庭主妇。心灵导师并不回头，略微沉吟了一会儿，开口说：请主持人拉开木箱上标号为6的小抽屉，取出里面的信封，交给这位观众。

主持人依言照办，打开6号抽屉，里面果然有个信封。

主持人把信封递给上台的主妇。

主妇狐疑地打开信封，看了一眼里面的信，顿时瞪大了眼睛，然后她泪如雨下，失态地号啕起来。好半晌，她才泣不成声地说：导师，你看到了我的心里，看到了我这些年来的辛酸心路。你一定是上帝派来的，我的心事从未对任何人说过，可是你早已写好，放在抽屉里等待我。从现在起，我可能对上帝不够恭敬，但绝对信任你。

谢谢！心灵导师对观众的动情视若寻常，下一位。

第二个上场的是位工程师。

工程师上台，心灵导师仍不回头，沉吟片刻，说道：请打开标号为12的小抽屉，取出里面的信封，把信件交给这位观众。

主持人依言照办。

工程师狐疑地接过信封，取出里面的信，看了一眼，顿时惊呼起来：我的上帝，这简直太神了！我心中最隐秘的事情，从未告诉过任何人，可是你知道，在我上台之前就知道。如果不是亲眼看见，我是不会相信的。

心灵导师无动于衷：下一位。

第三个上台的是位小学教师。

心灵导师仍是背对观众，沉吟片刻，吩咐道：这一次，请打开标号为7的小抽屉。

主持人打开7号抽屉，取出里面的信封，递给小学教师。

教师打开信，看了一眼，也惊呼起来：不可思议，无法理解，你如果不是上帝本尊，那就是魔鬼现身。你在我出现之前就预知了我从未对人说起过的心事，这是不可能的，却是我亲眼见到的。

心灵导师懒得理他：下一位。

这不可思议的表演让台下的观众惊疑不定，纷纷举手要求上台。但无论谁上来，那只小木箱中必有一个抽屉里装有一封写给他的信。看到这封信的人或是失声尖叫，或是失态地号啕。

这位心灵导师，他知道每个人的心事——而且，在见到这些人之前，他就已经把每个人的心事写好，封存在木箱的抽屉里。

真是太神奇了。

主持人和每个上台的观众都知道自己与这位心灵导师是生平第一次见面，而他竟然先知先觉地察知自己心底的隐秘，这只能用神迹来解释。

显然，上帝是真实存在的。又或者，这位心灵导师是个具有神异能力的人。

对此，观众们深信不疑。

然后，主持人宣布：节目正式开始。

什么？前面那几番神迹的展示还不算正式节目吗？

/ 02 /

主持人请所有拿到信封的观众上台，按次序站好。

先请第一位观众——泣不成声的家庭主妇——取出她的信，念给大家听。

家庭主妇哭成了泪人，拿出信纸，边抹眼泪边念：

你不是没有考虑过摆脱眼下的一切，但你狠不下心来。善良已经成为你的软肋，让你屡遭欺骗。你知道这对你来说太不公平了，但是为了你的至亲所爱，你选择了隐忍。但你的心，越来越失望。他们已经习惯于把你的大度与包容视为软弱可欺，就连你自己都把握不准了。改变？这个过程有可能带来的任何伤害，都是你无法接受的。委屈与无奈，你已经默默承受至今。

家庭主妇念完，主持人请第二位观众——工程师，念出他的信。

工程师念信之前，看了家庭主妇好一会儿，才吞吞吐吐地念起来。

他一开口，台下的观众顿时骚乱起来。他念的竟然和家庭主妇的一模一样，每个字都一样。

奇怪……

轮到第三位观众——小学教师念他的信。他念出声，观众再度骚动。

小学教师的信，居然也跟家庭主妇、工程师的信一模一样。

依次往下，每个观众念出来的都是同一封信。

原来，在心灵导师的箱子里，每个抽屉里的信都是一样的，每个上台的观众拿到的都是同一封信。

/ 03 /

可为什么拿到信的观众有的哭，有的笑，有的惊叫上帝下凡，有的尖叫魔鬼出世呢？

这时候，主持人才说出真相。

这位所谓的心灵导师，研究的根本不是什么心灵学，他只是一位心理学家，他在研究人类社会共同的情绪与情感。

上台的每位观众拿到的信都一模一样，可每个人都声称，这封信说出了自己内心深处从未对人说起过的隐秘。

这是因为，这封信表达了现代人共有的情绪与情感。

让我们把这封信再拿回来认真地看一下：

你不是没有考虑过摆脱眼下的一切，但你狠不下心来。善良已经成为你的软肋，让你屡遭欺骗。你知道这对你来说太不公平了，但是为了你的至亲所爱，你选择了隐忍。但你的心，越来越失望。他们已经习惯于把你的大度与包容视为软弱可欺，就连你自己都把握不准了。改变？这个过程有可能带来的任何伤害，都是你无法接受的。委屈与无奈，你已经默默承受至今。

这封信所表达的，是现代人共有的心态。

多数人都认为自己是善良的，并因为太善良了而屡屡吃亏受骗。

多数人都认为自己遭受了不公正甚至极不公正的对待。

多数人都认为自己应该得到更多。

相当数量的人都认为自己为了家庭、友人，付出了极大代价。

总之，心理学家精心写出来的这封信，就是上面这四句话经过变形组合而成的。每个拿到信的观众都惊呼说出了自己心中的隐秘，只是因为这是现代人共有的情绪与心态。

这个节目的真相让参加的观众大失所望。此前，他们都认为自己是独一无二的，现在才发现，他们的想法和别人毫无区别，这真是太令人沮丧了。

/ 04 /

上面说的这个节目，实际上是前些年"特异功能"甚嚣尘上之时，心理学家看得窝火，就从书斋里跑出来，专门制作了这么个节目，以戳穿那些"特异功能大师"的心理幻象。

但这个节目确实也揭破了现代人共同的情绪——委屈！

每个人都活得备感委屈。

委屈，是认为自己太善良，却没有获得回报。

委屈，是认为自己为亲友、同事做出了太多的牺牲，但这些付出统统被无视了。

委屈，是认为自己有多次伤害他人的机会，都被自己高风亮节地放弃了，而在事后，却未获得丝毫感激。

总之，就是委屈，委屈到了不要不要的。许多人背负这种委屈心结，甚至感受到了一种神圣的庄严，每一天都被自己悲壮的牺牲打动。

但是，心理学家通过这个实验已经把话说明白了：不是说你不委屈，只不过你所表达出来的委屈情绪与你真实的际遇根本不成比例。

简单说：你的委屈就是扯淡，就是自我的心理幻象。

/ 05 /

为什么现代人普遍感觉到委屈呢？

有时是真的委屈。这种真实的委屈也分大小，有的人遭遇到很严重的不公正，比如身处于一个极端不公正的社会里；又或是遭遇到令人发指的权力伤害。这事确实有。

但，大部分遭受委屈的人并不会流露出委屈情绪。当不公正感过于强烈时，个人的委屈就不算什么了。相反，一些遭受小委屈，甚至根本没什么委屈的人，却流露出冲天的抱怨，认为自己亏大了。委屈他妈敲门，委屈到家了。

后面这类人，不过是思维的方式有点不对劲。

正确的说法是，这些人的思维打开方式不对，让他们从很正常的工作生活中释放出一股冲天的怨气来。

/ 06 /

人和人区别不大，智商相差无几，但每个人的思维模式完全不同。

至少有两种思维，让人分别成为进取者与委屈者，或抱怨者。

进取者，他们有自己的人生目标，并认可现实生活的存在，认为要达成个人的奋斗目标，就必须从现实生活中一步步地走过去。

委屈者，他们也有自己的人生目标，但他们拒不认同现实工作或生活，他们把工作生活中的一切常态视为对自己的迫害。在这类人的心里，迫害是全方位的，别人的存在是对他们的迫害，工作生活是对他们的迫害，甚至连无生命的物体都在参与对他们的迫害——有些人愤怒时会踹桌子，踢椅子，摔杯子，砸碟子，打妻子，骂孩子。总之，这个世界上一切的存在都让他们超级不爽，看什么都不顺眼。

具体来说，面对工作的问题时，进取者会很亢奋，因为这是他显露本事的时候，他就是靠它和这个社会交换，来获得生存资源。而对委屈者来说，这一切都意味着对他的伤害，是别人故意难为他，陷害他。

再比如，在追求异性这方面，委屈者会问：凭什么好姑娘不让我碰？凭什么？进取者则会问：我要怎么做，才能够成为女孩子喜欢的类型？

找工作时，委屈者会问：凭什么我找不到工作？凭什么？进取者会问：我要如何做，才能让老板们跑来找我？

双方对问题的定义不同，看待工作生活的态度不同。

你接受现实，就会心态平和；你不接受，自然就备感委屈。因为你已经很努力了，可现实仍然是现实，你说你能不委屈吗？

/ 07 /

由此，从这个实验中，我们就获得了几个或可有益于我们的观点：

第一，接受现实生活，认可现实的不完美性。 正是因为现实的不完美，你的存在才有价值。一个完美的世界，绝对会排除你这种不完美的人，绝对会。

第二，接受人性的不完美。 这世上没有什么天生的善良，你做了善良的事，才勉强算是个做善事的人。人性有光明也有暗黑，只有时刻保持对暗黑的警觉，才会避免沦为坏人。无端拿自己当善人，这也许不是明智的做法。

第三，这世上，委屈的人比比皆是、车载斗量，真的不差你一个。 看看这世界，有多么丰富的物质和精神产品，再看看你自己，你的贡献率有多大？无论怎么比较，我们都是占尽了便宜的人。千万别成为占便宜少了嫌吃亏的类型，那绝非是受欢迎的类型。

最后一点，如果你愿意，不妨观察一下自己的思维。万不可把现实存在的机会当成你人生的障碍。有成就的人，和我们面对的是同一个现实，他们看到的是机会，有人看到的却是障碍。这种思维的差别，将彼此的人生拉开了鸿沟。你希望成为哪种类型的人，就需要获得哪种类型的思维方式。注意你的思想，它会成为你的行动；注意你的行动，它将构成你的思想。当你意识到思维需要改善，就意味着全新的机会。

输不起,你就死定了

/ 01 /

人类是天然的群居物种,但同时又具有把合作弄砸的天才本领。

为了测试这个本领究竟有多大,不知什么地方的学者搞了个暗黑实验,测试人类合作的破裂点在哪里。

首先是两名实验者上场,甲和乙。

实验组给甲100美元,乙毛也没得一根。甲必须把100美元分一些给乙,给多给少,由甲自行决定。

如果乙对所获得的馈赠感觉不公平,可以拒绝——一旦乙拒绝甲的分配,实验组将收回100美元,甲和乙一根毛也得不到。

理论上来说,甲无论给乙多少,乙都应该明智接受。因为他一旦拒绝,两人就统统赔光,完美的两败俱伤。

但实验的结果大大出人意料。很多情况下,乙的选择明显不理性,一旦他认为甲给他的太少,宁肯让自己一无所获,也不想让甲拿到钱。

据测算,一旦乙得到的不足甲的三分之一,合作就会失败,乙的计算是以我的损失换你三倍的代价，值了！

据此，可以计算出社会性合作的破裂点与分配不公关系不大，但当这种不公形成三倍压力之时，当事人就会毅然决然地砸锅碎碗，不跟你玩了。

/ 02 /

上面这个实验，是我在我的职场心学讲武堂的美女学员的微信公众号上看到的，标题叫《聊聊工资的事》。看到这个实验时，我心里怦地一动。

咦，好像古人就做过类似的实验。

春秋年间，齐国有三个力士，皆有万夫不当之勇。有一天，大夫晏子走过，三名力士没有搭理他。

晏子大怒，就去见国君，曰：国君呀，咱们弄死那仨力士吧。

国君曰：这三个人自恃功劳在身，对朕不尊重久矣，朕也想弄死他们。你有什么好法子没？

晏子道：易耳，欲杀三士，只需俩桃。

于是，晏子拿着两个桃子，出来对三名力士说：三位，你们有功于国，国君赐桃予你们，哪个功劳大，可以先吃桃。

第一个力士走过来，曰：我打野猪，骑老虎，今日吃桃慰辛苦。说罢，拿起一个桃子吃。

第二个力士曰：昔日战场把敌杀，今日吃桃萌萌哒。说罢，也拿起一个桃子吃。

第三个力士一看，我×，三人俩桃，你俩一人一个，桃毛也没给我留一根，顿感无尽屈辱，曰：有一次，国君渡黄河，被一只大鳖叼走了，我追上去杀大鳖，救回国君震山河——我这么大的功劳，居然没桃吃，我还有什么脸活着？我干脆自己抹脖子算了。

言讫，第三名力士当场自刎。

前两名力士傻眼了，曰：我俩的功劳都没有他大，却吃了桃而逼死了他,以后人家会怎么说咱俩？咱俩也没脸再活下去了,干脆,大家死一堆算了。

言讫,两名力士也齐齐自刎。

看着脚下的三具尸体,晏子欢喜地一拍巴掌：国君,快出来看死人,输不起的人,分分钟死在你脚下。

这是一个古老的关于分配的故事,分配的不公程度一旦突破人心的承受底线,合作就彻底破裂了。

这个故事,同时也喻示着齐国的未来。

/ 03 /

战国年间,齐国有两个人,一个叫邹忌,一个叫田忌。

邹忌长得比较帅,但当时齐国最美的男子是城北徐公。可是,邹忌的老婆说他比徐公美,小妾说他比徐公美,来办事的客人也说他比徐公美——但等见了徐公他才知道,跟人家相比,自己这幸福的一家不过是我丑你瞎,全都是瞪眼说瞎话。

为什么要瞪眼说瞎话呢？因为在家里,邹忌是老大,谁敢说他不好看,他就让谁好看。

发现了这个生活细节之后,邹忌就去见齐王,忠告齐王"听人劝,吃饱饭"。做完了这桩名传青史的好事之后,邹忌就露出丑恶的嘴脸,陷害田忌。

田忌是齐国的谋臣,又得兵学家孙膑之助。他在和齐王赛马时,以其上等马对齐王的中等马,以其中等马对齐王的下等马,以其下等马对齐王的上等马,这样输一场赢两场,玩出了人类历史上的第一个博弈论。

然后,田忌把他赛马的博弈招数拿到战场上来,大败敌国。

田忌为国立下战功,人丑全家瞎的邹忌深受刺激。他就派亲信拿着黄金满大街嚷：我是田忌的手下,我家主公要干大事,你们说能不能成功？

被邹忌玩了这么个阴招，田忌慌了神，害怕齐王疑忌而杀掉他，被迫逃走了。

于是，邹忌独霸齐庭，谁敢说他不好看，他就让谁好看。

这是一个关于忌妒的故事。忌妒之心，源自行将到来的新一轮利益分配，邹忌无法接受在未来的权力盘局中一无所获的结果，他输不起，索性砸锅摔碗，毁了齐国的未来。

/ 04 /

总是有人说，中国人民是勤劳、勇敢，而且充满了智慧的。

这话倒是不假。但如果一定要说句实话，那就是我们极不擅长利益分配的制度设计。这种制度设计，需要一种极高明的政治智慧，自春秋、战国，而后权力时代的任何一个皇朝，都明显缺乏。

缺乏智慧怎么办？那就硬干！

权力时代的皇朝有条潜规则，大臣在建言国策后，必须销毁奏折底稿。

为什么呢？目的是强迫大臣们自动自发地抹除自己的智力付出。等到陛下临朝时，可以这样说：诸位爱卿，朕有个天才的好主意……其实这个好主意就是人家大臣刚刚写在奏折上的，但因为底稿销毁了，这些创意就全归皇帝本人，就营造出"陛下英明神武"的感觉。

如果大臣们保留了奏折底稿，等到日后写史的时候，这些底稿就成为大臣们的功业的证据。大臣的形象高大上了，皇帝就显得黯淡了，就很难再假装英明神武来忽悠大众了。

假如大臣要点心眼，偷偷留下奏折底稿不销毁，那又会如何？

还真有人这么干过。于是，这个人就在青史上留下了大名：大唐名臣魏徵！

唐太宗绝对是个好皇帝，因为他从谏如流。他主要从魏徵的谏，这在史书上一笔一画地写着。

魏徵之所以在青史上留下铮铮铁骨的美名，就是因为他偷偷地保留了奏折底稿，留下了这些事情的证据。

而唐太宗李世民，他渴望留给世人的形象绝不是什么从谏如流，从谏你个头啊，那是多么low的凡人形象啊。李世民想要的，是英明神武、言无不中，比诸葛亮还有智慧那种。

但魏徵悍然保留奏折底稿，跟李世民争镜头。

到魏徵死后，李世民才发现这事，当时这位英明神武的皇帝就发飙了，不顾体面地大闹一场，砸了魏徵的墓碑。

生前诤友，死后砸碑。说到底，就是输不起，就是魏徵不肯接受权力分配制度而已。

/ 05 /

如唐太宗跟魏徵这样闹的事件，历史上有记载的不止一两起。说来奇怪，明明知道皇家权力一家独吃的分配体制极端不合理，可是自秦始皇以来，中国人不可理喻地死抱着这个怪异的制度不肯撒手。一个又一个朝代倒下，一个又一个朝代兴起，始终换汤不换药，让后人面对止步不前的政治智慧困惑莫名。

时至今日，也没听说国内的哪家人文研究机构设计个此类的实验什么的。这种实验其实不难设计，照抄、照搬就行，但就是没人做。

没人做就算了，大家继续粗放经营，拍脑壳行事。

早年我在粤西时，亲见有家企业，去深圳挖了个总裁过来，给了他很高很高的年薪，指望这位职业经理人带大家杀出一条血路来。

企业给这位总裁的薪资太高，高出原来的主管两倍不止。老主管怒不可遏，就给新总裁下套，很恶心的那种。新总裁也不知检点，稀里糊涂就跳进去了，结果因为嫖娼进了局子。后面还有更狗血的，这个局在做好之前，就有人打电话通知总裁老婆来领人。那天，派出所门口挤满了人，看总裁老婆狂抽他耳光,边抽边问:家里没有吗?家里不让吃吗?

比这更狗血的,也不罕见。总之,人们一旦感觉到不公平,感觉到自己受了莫大的委屈,就会不计后果,鱼死网破地乱拼一气。我曾见过一家公司的主管层联名罢工,边缘层级的主管不明就里,亢奋不已地跟着穷搅和,结果秩序恢复后,后者首当其冲被清算,领头闹事的几个人却进了董事局。业界人士猜测,这有可能是老板针对公司管理层臃肿,为彻底扫清障碍,利用人们求公平的心态,故意布设的圈套——怎么看怎么像,但始终没有机会求证,只能姑妄猜之。

无论是当年的深圳还是现在,星夜逃奔的老板可不止一两个。老板个个都是人性大师,最善于利用求公平的心态布设迷阵。深圳就有家电子企业,老板消失了,消失之前给员工画了一张巨公平的饼:苦战100天,迎接新三板(全国中小企业股份转让系统)。结果新三板没见到,见到的只有赤字累累的家庭账本。

有位"亨"字级别的大佬曾对我说过,最高明的管理者不是追求公平,而是营建公正心。

公平是相对的,更多的时候是一种心态。如果你做个实验,让三个人负责一项共同的工作,而后请他们自己给自己打分,看自己的贡献率是多少,结果准保让你大吃一惊。

三个人自我评判,每个人都会认为自己的贡献率不低于70%。

这是因为,每个人都特别重视自己的付出,高估自己的贡献。这就是职场上压力重重、怨气冲天的原因之一。

你的自我评估与别人对你的评估,有着巨大的落差。不正视这个落差,你的心态就不会平衡。

/ 06 /

这世上,不公平的事所在多有,但心态上的不平衡也占了相当大的比例。

正如我们本文开篇提到的那个实验，如果让实验中的甲退场，由一台计算机取代甲，随机地给乙派发现金，仍然是同样的规则，如果乙感觉不公平，人机合作即告破裂——这种情况下，乙突然变成了超级理性的人，无论计算机分给他多少钱，他都会欣然接受，绝不会拒绝。

这个实验是在证明，许多情况下的不公平，只是针对人，针对他人。

这样我们就明白了，人类的天性是喜欢与人争竞的。必须摆脱争竞之心，认识到人生事业不是一锤子买卖。一次利益分配不公平，还有下一场。怕就怕输不起，非要在上一场上较劲，那就没法玩了。

心态平和的人不会故意高估自己的贡献值，也不会低估他人的存在价值。这种心理上的均衡，让我们的认知更接近于客观。除非我们尊重自己的人格，尊重他人的付出，否则不会获得平和心。

一切公平都是相对的，哪怕是上帝、佛祖联合诸天神魔，也没法算清楚一个人在这世界上的付出与努力。我们需要的只是一种差不多的感觉，别忘了自己也有比预期获得稍微多那么一点的时候，这样就不会再愤愤不平、满腹幽怨了。

最重要的是对时间线的把握，在一条短暂的时间线上，你有可能遭受极端不公正的对待。比如说深圳那家老板消失的公司的主管及员工，真的找不到比他们更凄惨的了。但我们的人生不是截至今日结账，还有更为漫长的道路要走，未来不会因你今日的委屈网开一面，仍然是一如既往地需要你从零开始的平和心。你看那夕阳之下的老人们，他们都曾比你更凄惨、更委屈，可如果他们沉浸在不公平的痛苦中，就会失去全部的人生。

人生是不讲道理的，哪怕你善良无辜，比小白兔还要善良，还要无辜，也难免朝风暮雨菊花残。

公平的人生建立在悠长的时间线上，建立在连场博弈上。

要输得起。

输得起的人，才会有一个相对公平的未来。

输不起的人，急于砸锅离场。只有在这种情况下，你才是真的输了。

世间唯一的公正

/ 01 /

古时候的中国，普遍性地缺乏群体规范的公正意识。

这句话的意思是说，古人在这个世界上混，公平、公正什么的，这事你千万甭想。拼就拼个临场博弈能力，你水平高，洞悉人性，再麻烦的事也能平安过关；反之，受不了委屈的人，又或是喜欢赌气的人，多半就死定了。

比如说秦汉年间有个周勃，和刘邦是发小。周勃这人本事很大，会编养蚕的箴片，还会吹奏乐器。临到刘邦起兵，周勃以发小的身份追随，很快就成为一代名将，为刘邦打下江山立下了汗马功劳。

再后来刘邦死了，吕后掌权，很嗨地玩了一把。很快，吕后死了，周勃起兵，把江山从老吕家夺回来，归还了老刘家。

老刘家重新坐回龙椅上，汉文帝非常感谢周勃，就想要不要做点什么，感谢周勃同志的无私奉献呢？

做点什么好呢？要不，咱们干脆弄死周勃？

汉文帝下周勃诏狱，准备弄死他。

下狱之后，才知道周勃是个多么了不起的人，能屈又能伸，还会绕弯拍小人物的马屁。

据记载，当时的狱吏大声呵斥周勃：站好了！站好了！当这么多年官还不知道规矩吗？

于是，周勃道：嘿嘿，领导别生气，咱是个带兵打架的粗人，哪里知道监狱里的规矩这么严格呀，请领导多多指教，多多指教……

吩咐家人，给小狱吏送上黄金千两，求帮忙。

小狱吏收了黄金，就在牍板上写了句话，一边训斥周勃，一边让周勃自己看清楚。上面写的是"以公主为证"。意思是：你傻呀，你儿子娶的是皇上的女儿，有这现成的关系你不用？让你儿媳妇回皇宫，找她妈闹去呀……

周勃这才醒过神来：对对对，我忘了这茬……于是，派儿媳妇出马，回皇宫找太后开闹。

想弄死周勃的汉文帝后院起火，只好把周勃无罪释放。

周勃这个人，脑子是非常清醒的，他知道自己落入了狱吏之手，人家可以分分钟弄死他，再报一个畏罪自杀，皇帝那边绝对心花怒放。人治嘛，就是这样全无规则可以依循。想要活命，就必须争取与掌控自己命运的人合作，而事实上，正是因为狱吏收钱办事，周勃才逃过一劫。

/ 02 /

周勃算是逃过了，但他的二儿子因为性子刚硬而赌气，最终被汉文帝的儿子汉景帝给弄死了。

周勃的二儿子叫周亚夫，他是比他爹更出名的天下名将，替汉景帝平灭了七国之乱，建立了赫赫功业。

于是，汉景帝曰：周亚夫好厉害呀，保护了朕的万里江山，朕应该如何感谢他呢？

要不，咱们弄死周亚夫吧——大功无赏，只因功高震主，这就是人治时代最恶心、最龌龊的管理模式，所以现代人超不喜欢人治。

于是，周亚夫也被弄到了监狱里。

跟父亲周勃的情况一模一样，狱吏开始修理周亚夫，问：亚夫同志，你为啥要谋反呢？

人家没有谋反，周亚夫好委屈。

不谋反，那你为啥购买兵器呢？狱吏温柔地问。

人家买兵器，是为了死后殉葬用的。周亚夫解释道。

哦，狱吏恍然大悟：原来你打算在地下谋反。

你你你……还讲不讲道理？周亚夫被气得半死，当场就要撞头自杀，被人拦下，拖回监狱里。周亚夫越想越气，不讲道理，真是太不讲道理了，气死我了，我干脆绝食，饿死自己算了。

盖世名将，绝食而死。

周亚夫死了，汉景帝心花怒放：还有哪位爱卿想要绝食？赶紧的，死一个少一个，朕才懒得理你……

/ 03 /

相比父亲周勃，儿子周亚夫无疑更有血性。但血性，不过是千年皇家权力肆意蹂躏的猎物。

周勃知道这个道理，也知道三分气在千般用，一旦无常万事休。纵然你冤死了，也影响不到别人的生活，没人会为你的冤屈挺身而出，这是你自己的人生问题，你必须自己解决。

所以，周勃承认现实。

现实就是，虎落平阳，龙陷浅滩，他已经沦为狱吏手中的一个囚徒，想要活命并申明冤屈，非得争取与狱吏合作不可。

儿子周亚夫打死也不信这个理，他相信的是公道自在人心。你看看，我为国家立下如此之大的功劳，可是皇上他居然这么搞我，你们看，你们都来看，你们看到了没有……但实际上，当时根本没人关心他，更没人关注他，哪怕历史发展到了今天，说起这事的史学家也是少之又少。

没人关心你的委屈！

这就是这个世界！

你不是世界的中心，你不配充满每个人的生活，你没资格占据所有人的空间。你厉害，那是你自己拼打出来的；你冤屈，那是你个人的事。你能活着出来，那是你的本事；你被活活冤死了，不过是历史上又多一个周亚夫——中国历史上缺少很多东西，唯独不缺周亚夫这类赌气冤屈之人。

真的不缺。

/ 04 /

最知道这个道理的，莫过于狄仁杰，就是那个凡事都要问"元芳，你怎么看？"的神探狄仁杰。

狄仁杰生活在女皇武则天当政的幸福时代。

武则天呢，她是一位超伟大的女性，一位超前的女权主义者。她就不服古来皇帝都是男人做，打谱[1]要做个了不起的女皇。

要做女皇，就得先找碴，把唐太宗李世民的儿女统统弄死。

要弄死老李家的孩子，就需要一批残酷邪恶、没有良知的酷吏。

酷吏时代到来，逮谁抓谁，抓进去不招就活活打死，招了就判你死刑。总之，进去就死定了。

狄仁杰也进去了。

进了监狱，狄仁杰大义凛然地往前一站，曰：元芳，你怎么看……不

1.方言，意思是心里计算思量、想办法。——编者注

是，各位大人，不好意思，我狄仁杰确实参与了谋反，这是真的，骗你们不是人。现在请给我纸笔，我要把我们犯罪集团的罪行统统写出来……

嘿，这个狄仁杰，蛮有合作意识的嘛。于是，狱吏给狄仁杰笔墨，让他赶紧写，转过身来，开始拷打那些大喊冤枉的人。

狄仁杰一边写，一边摇头摆尾地和狱吏拉关系：大人，这个字咋写来着？还有一个字我也忘了，请大人指点……对了大人，一会儿我的家人来给我送饭，还给大人带了点小礼物，嘿嘿，小礼物，请大人笑纳。

听说有礼物，狱吏就让狄仁杰的家人进来了，还让家人带走了狄仁杰的一件破棉袄。

家人带着棉袄出来，拆开棉袄，找到了狄仁杰写的申冤信，急忙再托关系，送到武则天的御案前。

武则天很郁闷，就亲审狄仁杰，曰：狄仁杰，你这认罪书都写好了呀，你看我都在你的死刑书上签字了，你咋又出尔反尔呢？

狄仁杰哭道：陛下，认罪书是狱吏早就写好的，他们那里有好多现成的认罪书。抓进去一个，随意填写一个。只因我深深地爱着陛下，比起陛下年轻时的美丽，我更爱陛下现在饱受摧残的容颜……陛下，人家这么爱陛下，就让人家留在陛下身边，别让我回监狱了。

武则天大喜：原来你这么爱我呀……那你就别回监狱了，就留在朕的身边，多说几句朕爱听的……

狄仁杰死中生还，回来问：元芳，你怎么看？

元芳曰：大人，人治太恶心了，要不咱们换个玩法吧？

狄仁杰道：等等吧，再等等吧。眼下这个现状，咱们还得琢磨提升个人的社会博弈能力，千万别赌气，是不是？

/ 05 /

以前我在粤西时，曾处理过一起狗血怪事。

有一个很能干的员工，很老实的一个人。有一天，公司来了个大客户，来就来呗，客户还带着自家的熊孩子，大人说正事，熊孩子跑门口拉大便。大家看到了，也不敢管，得罪熊孩子，可比得罪大客户更严重。岂料熊孩子你惹不起也躲不起，他自己不知怎么回事，一屁股坐在自己的便便上了，在外边哇哇大哭。大家跟着大客户，着急忙慌地跑出来营救。

那熊孩子爬起来，拿眼睛一扫，发现了那个老实员工，大概是他一张极悲惨的脸激发了熊孩子的欺凌欲望，当时那熊孩子就躺下了，口口声声说是老实员工把他推倒的。

大客户也不知是真不知道还是装的，当场也闹了起来，非要经理开除那名员工。

经理没办法，劈头盖脸地把老实员工骂了一顿，才把客户打发走。但客户走后又打电话来，扬言下次他再来，绝不想再看到老实员工那张臭脸。

经理就想办法，想把老实员工换到库房之类的地方。那员工无缘无故遭此不公，也怒了，就写控告信指控经理的许多罪行。

事情闹大，我们几个人去处理，到了地方一看那老实员工，顿时就明白是怎么回事了。

那员工长了张苦大仇深的脸，看人时两眼怒火。其实他那张脸就是这样，倒不是真的跟谁赌气。

还记得当时我为了安慰那个遭受不公正待遇的员工，对他说了一番话，大意是：美国总统林肯拒绝了一个官员的任命，别人问何故，林肯答曰，我不喜欢他那张脸。对方说：他的脸就长那样，这又不怪他。林肯答曰：一个人成熟了，就应该为自己那张脸负责了。

我讲了这个故事，意思是说，这事虽然不能怪那员工，可是人生在世，有许多类似的事件，聪明的人应该琢磨如何避免。

不想那员工用充满仇恨的眼光怒视着我，好半晌冲出一句：我就这样，有本事你们开除我好了！

开除？开除也不是不可以，公司摆这里，还差你个臭脸员工吗？

当时我心里想。

后来这件事处理的结果不明不白，没人说过要开除那名员工，可环境已经让他没法再待下去了。事后想起这事来，我心说这不正是个职场周亚夫吗？

/ 06 /

人生而为周亚夫，有了责任心，就变成了没骨气的周勃。

有个上了年纪的朋友对我说：我年轻时，有血性得很，谁说句我不爱听的，我就敢当场抽他。后来有了孩子，当了爹，瞬间就成孙子了。在任何人面前我都得低头，不低不行啊，为了孩子，你求人的时候太多了。

少年人多血性，中年人多犬儒。少年人只需要为自己负责，弄砸了也不过由父母收拾局面。而为父母者，既要承担自己的人生责任，还要替孩子背黑锅，一个个都活成了没骨气的鼻涕虫，实属无奈之举。

从血性的少年，到无骨的中年，这实际上是人生的两个极端。只因为缺少临场的博弈能力，总是落入周勃、周亚夫家族这样的悲哀陷阱中，才会让自己的人生在两个极端之间摇来摆去。

说到底，就是昧于人性观察，缺少生存智慧。

/ 07 /

丹麦有个叶特尔法则，很有名。

叶特尔法则，说起来不过一句话：不要以为你有多么了不起，你就是个普通人。你不比别人更高贵，别人也不比你更低贱。

大家半斤八两，都是平等的。

这个叶特尔法则，让丹麦人生活得舒适爽帖。据说在丹麦，哪怕你像周勃、周亚夫父子那么有本事，也不敢扎刺惹事。哪怕你是个狱吏，也不敢随意欺压别人（没蹲过丹麦监狱，此条求证明）。

回到我们中国社会，实际上，我们从未从周勃父子的时代走出，而且那种极端的情境更普遍化了。单说职场上，许多人都曾抱怨过他们受到的不公正对待。

那么，我们需要丹麦的叶特尔法则，先把自己放低。相信自己的能力，但千万要有平等心态。让我们如周勃、狄仁杰那样，哪怕是面对一个极不堪、烂透顶的人，也能够微笑着赢取与他的合作。强大不是你能做成多大事业，而是能够微笑着与烂人周旋。

其次，你要知道，你可以遵循叶特尔法则，但别人未必。那些不接受平等心态的人，会活得相当痛苦。他们可能自认为比你高一级，缺乏平等意识的人，不承认努力的价值。所以，当你表现得优秀，又或是取得了他们意想不到的成就时，你都会对他们脆弱的玻璃心造成残忍的伤害。

再有，如果有人不公正地对待你，或可只是他心里淤积的幽怨太多。就是说，你要学会辨析对方的心理情绪，聪明的人不和对方的情绪赌气，这些都是没有意义的事。血性不可恃，赌气你必死。犬儒没骨气，懦弱被人欺。唯有温和、冷静地对烂人微笑。任何时候你为愤怒所控制，都有可能沦为他人不良情绪的殉葬品。

最后，这个世界，从古到今都是讲道理的——但是，道理的讲法与你想象的不一样。公正不是超市的玩具，爹妈没办法买来送你——相信我吧，如果有一天，你自己努力获得了公正，保证会听到身后有愤怒的抱怨，说这事太不公正了。对你的公正有可能意味着对别人的不公正，有一千个人，就有一万种公正。**对你而言，唯一的公正就是天道酬勤，睿智生存。你只为自己的人生事业负责，不和别人赌气，这就是你最大的公正。**

凡是让你爽的，多半是坑你的

/ 01 /

西汉邓通，原是个摆渡的船夫。

船夫苦啊，赚不到钱。邓通活不下去，就赴京师寻找机会，正逢朝廷招聘一个专司撑船的黄头郎，这正是他的特长，从此就入宫撑船了。

邓通入宫之后，忽一夜，汉文帝做了个梦，梦见自己正费力巴拉地往天上爬，爬着爬着，忽然叽里咕噜滚落下来，幸好后面有个黄头郎，一下子托住了他的屁股，这才没跌下去，终于爬上了天。

在梦中，汉文帝回头，感激地看着那个陌生人。

醒来后，汉文帝就溜达到黄头郎那里，用眼睛一个个地看。忽然看到邓通，汉文帝大喜：此人不正是昨夜托我屁股的那个人吗？

宠！赐予无边富贵。

就这么一个梦，让邓通的命运顿时逆转，成为汉文帝最信任的第一宠臣。

汉文帝太宠邓通了，他叫来相面术士，替邓通相面。

当时，术士眯起眼睛一看，乐了，说：陛下，这个邓通，他将来的命运真是太好了。

有多好呢？汉文帝急忙问。

他好到了……好到了因为穷困活活饿死的地步！

穷困？饿死？汉文帝也乐了：你知道不知道，朕是可以改变他人命运的人啊。

传旨，让邓通负责铸造天下铜钱。

从此，这天下的财富全是邓通的，他乐意拿多少就拿多少，我看怎么饿到他。

邓通一下子就成为地球首富，登上人生最高点。

不久后，汉文帝就病了。汉文帝这个病呀，用现在的伪科学来说，就是好东西吃得太多，体内的毒素无法排出，导致身体敏感部位溃烂流脓，又痛又痒，又酸又麻，折磨得汉文帝动不动就嗷嗷叫。

邓通全靠了汉文帝的宠幸，才成为地球首富。他最关心汉文帝，见文帝如此难过，一咬牙一狠心，趴在汉文帝的溃烂处，拿舌头舔舐起来。

这一舔，汉文帝顿时舒服得呻吟起来：啊啊啊……总之舒服到了不能再舒服的地步。

太舒服了，汉文帝对邓通更加喜欢了，忍不住问：邓通呀，你如此爱朕，朕真的好欢喜……除了你，还有谁也这样爱朕呢？

邓通脱口说了句：那必须是太子呀，太子比我还爱陛下呢。

邓通说这句话，用意无非是讨好太子。毕竟汉文帝年纪大了，以后就是太子说了算，所以先行铺垫，在太子面前讨个好。

可不承想，听了邓通的话，汉文帝立即传旨：命太子入宫，给朕舔敏感部位的溃烂之处。

邓通傻眼了。

太子入宫，听了汉文帝的要求，当场就要炸了。可是不能炸，炸了天下就没有了。必须忍！

于是，太子强忍着屈辱和愤怒，趴下来吧唧吧唧一顿狂舔。

舔毕，太子立即派人侦查：是谁出的这么个损招，羞辱本宫？

不久，下人回报：是邓通，他是故意的。

好，我记住你了。太子铭记在心。

不久，汉文帝死掉，太子登基，是为汉景帝。

汉景帝和汉文帝都是好皇帝，此父子二人时期的治世，历史上又称文景之治。

治世归治世，仇还是必须报的。

汉景帝即位后，便罢免了邓通的职位。恰好有人举报邓通偷偷到境外铸钱，汉景帝传旨：来人呀，把那个谁，那个邓通，他不是最有钱吗，给朕把他的家产全部充公，赶出去，不许给他一点吃的，一口水也不给！

邓通贫困交加，寄住在别人家里，最后活活饿死了。

/ 02 /

邓通这个故事，有许多可以说的，诸如人生啊命运啊什么的。

但我们关注的，是汉文帝所表现出的人性。

汉文帝，他的智商应该是正常的。但皇帝当得久了，人性中最顽固的一些东西就暴露得很明显。

他也知道，用舌头舔别人敏感部位的溃烂之处是超级恶心的，至少他绝不会这样做。可是，他希望别人这样做，他希望别人在他面前一点自尊也不要有。而且，他把对方丧失多少自尊，视为有多爱他的衡量标准。

他希望人人都爱他，爱得不要不要的。是他变态的、接近疯狂的对他人爱的榨取，导致了邓通本人古怪的命运走向。

这就是人类永恒的天性。

/ 03 /

历史上,几乎所有帝王都和汉文帝一样,有着共同的人性弊端。

比如说,清朝时,道光皇帝临死前,吩咐人把四儿子和六儿子叫来,打算在这俩孩子中挑选出一个未来的皇帝。

俩孩子急如星火地向宫中飞赶,他们的老师脚不沾地地追在后面,拼命地提醒自己的学生。

六儿子的老师说:记住没有?今天是你人生的关键时刻,一句话答对,你就是皇帝了;没答对,你就吃屎去吧。听好了,你那烂爹如果问你治政之事,你要有条有理,知无不言,要让你爹知道,你是未来的明君圣主,你已经做足了准备,要庇护天下苍生。

听清楚了,六儿子回答。

四儿子的老师也在拼命地提醒自己的学生:孩子,老师我再说一遍,你一定要听好。无论你那烂爹问你什么问题,你都一个字也不要回答,要像个被男人蹂躏过的女人,不停地抹眼泪,表现出对你爹的关心,关心到不能再关心的程度,听清楚了没有……

说话间,老四和老六已经双双入宫,来到了道光帝的病榻前。

果然,道光挣扎着问起治政之事。老六立即给出了完美而精彩的回答,表明自己是绝对的明君圣主。

轮到老四了,他按照老师的吩咐,趴在地上,一个字也不回答,哭得伤心欲绝,那一片父子深情,看得道光帝都落眼泪了。

道光帝曰:老六,他爱天下,但好像不是那么爱朕;老四,他是真的爱朕,爱得不要不要的。老子的天下,就给最爱朕的人啦。

一言定局,老四就成了清朝历史上的咸丰皇帝。

/ 04 /

人是非常理性的，但在血脉里，隐伏着极端不理性的种子，就是希望人人都爱自己、关心自己、保护自己——而且是用自己最希望的方式。

早年我在企业吃饭时，曾遇到过这么一件事。

那是一家规模很大的私企，老板年富力强，智力过人，企业做得风生水起，员工数千，高管逾百。

排名第一的高管是个面无表情的中年大叔。他每天上班，只有一句台词，绝不说第二句。这句台词就是：等我问问董事长。他从来不拍板、拿主意。

有一年，公司经营遇到困难，这节骨眼上来了大客户，众人抢着去报告这个好消息。可是中年大叔连眼睛都不眨一下，仍然是那句话：等我问问董事长。

我们问：那啥，董事长不是出国了吗？

他说出了人生中的第二句台词：出国了，也是董事长。

说得也对，大家只好不睬客户，耐心地等董事长回来。

董事长终于回来了，人家客户早就走了。

走了也没关系，企业没接到订单，可以关门嘛！

那家企业真的就这样关门了。关门后，董事长又重开场子另铺摊子，再建了一家公司。老公司的高管亲信，他一个也没带，只带了一个人：那位只有一句台词的中年大叔。

对董事长的选择，我们表示高度理解——当时我们理解的是，那位中年大叔让人放心，他从来不自作主张，这就意味着董事长的大权不会旁落，人家靠忠诚吃饭，这也是一种活法。

但，这只是粗浅的理解，在这表层之下，隐伏着的是人类的顽固天性。

/ 05 /

人类是智慧生命体,智慧首先表现在自我意识上。

有了"我"这么个出发点,才能够俯瞰这个世界,观察并改变这个世界。

丧失自我,就意味着丧失基本的智力。**自我带来个人的自由,这就是自我的价值。**

但这世上的事,不可一概而论。许多人虽然拥有自我,但并没有争取自由的意识,反而催生出如汉文帝、道光帝这类人。他们完全以自我为中心,视他人对自己的态度为唯一的评判标准。

老实说,中国的帝王制度之所以承袭不息,就是因为有这类人的存在。这类人早年还可以有个渺茫的希望,指望托生在帝王家之类的,但在现代文明社会,这类人就有点愤怒了。

他愤怒,他看不惯,只是因为这个世界不是以他为中心的。这简直是岂有此理!

此前我们说过一件事,有位愤愤不平的父亲,看年岁不大的儿子懒惰到了骨头里,连看电视都要躺着,就怒了,呵斥道:你看你这没出息的样,再看看电视里,你看这个《爸爸去哪儿》,人家的孩子多给爹妈长脸,你怎么这么懒?

儿子勃然大怒,翻身坐起,斥责道:你有本事把我弄电视里去,我保证比他们这些人强!

一句蠢话,顿息纷争。

这对父子,都是典型的以自我为中心的人,企图框定这个世界的规则。

在父亲的潜意识里,我就是这个世界的中心啊,我的儿子,你得好好干呀,要聪明,在电视里接受万众欢呼,然后你老爸的脸上多有光彩啊——他希望儿子上电视,并非关心儿子的前程,而是为了自己脸上有光彩。

在儿子的潜意识里,老子就是世界的中心,我这个爹,他就是替我操劳、服侍我的。可是,这个爹太没出息了,没有足够的钱让我舒适地玩,也没本事把我弄上电视。所以,这孩子满腔怨愤。

这对父子,算是极品了。但非极品也有非极品的麻烦,这麻烦就是,当你进入职场,你会发现,许多人犯得最多的错误,就是弄不清楚他们是谁。

/ 06 /

一个高管曾在微信上发飙,吼叫道:少在我面前指手画脚,我要的是解决方案!

啥意思呢?

这家企业最近招收了一些新员工,这些员工都很有主动性,有主人翁意识,到公司里一看,唉,这里处处不对呀,这样下去怎么行?这样下去,公司是没有希望的。

于是,这些人纷纷来到高管面前,指手画脚:你这样不对,你那样也是错的,你不能这样,当然你也不能那样……

高管被惹火了,忍不住吼一声:叫你们这些人来,给你们钱,就是让你们来解决这些问题的。来,拿解决方案,你们说这些问题怎么解决?

解决?指出你的毛病太容易了,可要说解决,这事就太难为人了。

员工心里肯定也在嘀咕:你都高管了,那么多资源都解决不了的事,我们又怎么解决?

其实,所有问题都能够得到解决。所谓企业的问题,多不过是人性博弈的布局,博弈态势改变,一些问题自然而然就消失了。当然,新的问题也会应时出现,甚至可能比老问题更严重、更麻烦。

要解决这些问题,面临着一种身份转换的痛。

高高在上地指手画脚,虽然蠢话连篇,却是符合人性自我中心法则的。说到解决问题,这就意味着你一下子转为干杂活的小工,别人成了你世界里的中心,扎堆来挑你的毛病,你说你怎么能不痛苦?

但人生破局的希望,也在这里。

/ 07 /

子曾经曰过,举凡让你听了不爽的话,都是有利于你的;举凡让你爽到不要不要的,全都是坑爹的。

就是因为,**人生事业是逆着人性而为的。**

有成就的人生与没有成就的人生永远是相并而行的,无非是这么几个阶段:

第一个阶段,别人以自我为中心,挥斥方遒、粪土名流;你却知道人生是拼出来的,不是说出来的。于是,你开始营建人生基业。

第二个阶段,一旦你着手,立即会引来公众高高在上的评价。因为每个人都是以自我为中心的,你在别人的世界里不占丝毫位置,所以你会被贬到不像话的地步。你的错误会被夸大宣扬,你的成就会被忽略缩小。你的合作者更是控制不住以自我为中心的冲动,不停地对你指手画脚。这段时间熬过去,你就进入了第三个阶段。

第三个阶段,你的事业略有成就,但仍为公众打心底蔑视。在这个阶段,你已经变得相当油滑,见人说人话,见鬼说鬼话——这句话的意思是说,你知道为了谋求合作,必须满足每个人以自我为中心的欲望。你已经非常成熟而有城府,能够居高临下,俯瞰那些一事无成的以自我为中心者。

第四个阶段,忽一日,你发现自己大红大紫,但你如果能保持足够的冷静,就会发现,你大红大紫跟你的劳作一点关系也没有。相反,现在的你不过是一块板砖,会被人拾起来,砸向那些事业刚刚起步的人。每个人都知道做事业需要脚踏实地,但以自我为中心的天性让许多人没有汉文帝的命，却有汉文帝的病，渴望别人无尊严地屈服在自己脚下。愿望实现不了就愤怒，愤怒就需要砸那些不趴在自己脚下的人，砸人就需要板砖，你就是一块板砖。

第五个阶段，你的事业前景展现，但这时候的你，心智会迅速退化，向汉文帝、道光帝的方向退化。你会装成很谦和的模样，倾听每个人的意见，只因为你不这样做，对方就会愤怒地斥骂你。但实际上，你已经利令智昏或色令智昏，只把机会给那些承认世界以你为中心的人。

然后，你就完了，或者没完。

这二者没区别。此前的你一无所有，知道为对抗自我天性而努力。但当你不再需要这样做时，你又有什么理由坚持？

除非，你认识到自己的脆弱，意识到**人生是个持续的对抗性游戏，任何时候你能够战胜以自我为中心的悲哀天性，就能够继续前行。**

这个世界，
根本就没有公平可言

/ 01 /

王敏，山西监狱服刑人员。

因何入狱？不清楚。

他是个无足轻重的小人物，但从他的行为来看，他是个老实人，爱较真。

爱较真的王敏，服刑期间不幸与一位黑老大产生了交集。

媒体称，黑道大哥被判了无期徒刑，但俨然山西之王。他在狱中住豪华单间，开小灶，手下的兄弟络绎不绝；风情万种的美女，不远万里来监狱给大哥送温暖。监狱的看守队长，每天准时到大哥门前报到，听候大哥吩咐而行事。

就是这么拽。

不服你可以去死！

有一天，一个正服刑的马仔到大哥的单间来，与大哥狱中煮酒，畅论天下英雄。酒后微醺，马仔回狱室，遇到狱友王敏，遂上前打骂之。

媒体称：冲突中，大哥的小马仔，受伤住院。

考虑到这所监狱已是黑道大哥的私属领地，对于监狱方面的说辞，一个字也难以采信。

而且，狱方说辞与后面事情的发展形成逻辑对冲。

手下马仔未得尊敬，住单间的大哥怒了，带了兄弟围住王敏，咣咣咣暴打。

监狱管教在一边看着。

温柔地看着。

/ 02 /

被围殴的王敏感觉好委屈，遂向狱方投诉。

狱方以迅雷不及掩耳盗铃之势——狠狠地惩治了王敏。

说过了，这所监狱已是黑道大哥的私属领地。你向小马仔投诉大哥，这不是找削吗？

王敏是否进行了二次投诉，三次投诉，而在这个过程中是否遭受到了更大的恶惩，这些细节无人得闻。

我们只知道，王敏仍然不服。

他决定走招险棋，讨个说法。

/ 03 /

王敏决定，放火焚烧自己。

狱中管制重重，犯人根本没有可能烧死自己。

但王敏成功了。

世人皆惜命，无利不起早。王敏要烧自己，更多不过是做个姿态，希望能以此扩大事态，让监狱阻止他的行动，还他一个公道。

但并没有。

众目睽睽下，王敏的生命焚于烈焰中，黑道大哥热烈地与监狱管理人员拥抱，减刑出狱。并继续在山西叱咤风云、纵横天下。

王敏被遗忘，就如同他不曾存在过。

他对公平的诉求，也湮没于黑暗之中。

/ 04 /

上述王敏事件，刊载于公众号"环球人物"。

文章标题《这个黑老大终于覆灭！曾逼狱友自焚，被判无期变10年出狱，奢华单间令人震惊》。

文章并非替屈死的王敏讨还公道。

而是事隔多年，黑道大哥翻车，王敏之事才捎带着被提起。

主角仍是黑道大哥，王敏只是一个印证大哥权力强大的祭品。

王敏的痛苦、挣扎与选择，被这个世界忽视。

他生前没有公道，他举火之时没有看到公道。他殁于烈焰中，没有公道。他死后至今，仍然没有公道。

永远没有！

/ 05 /

到底什么是公道？

京剧《苏三起解》中，有个监狱管理人员，名字就叫崇公道。这货出场时，有句台词：

你说你公道，我说我公道。公道不公道，自有天知道。

这句台词是什么意思呢？

第一，公道只是不同社会群体的利益诉求。

你家有俩孩子，平时玩在一起，没有公道的概念。忽然间你要给孩子分梨，一个大梨一个小梨，无论把小梨分给哪个孩子，他都会觉得不公道。所以说，公道不过是利益的诉求。正如山西监狱中的王敏，他遭遇到黑道大哥权力扩张，将他的生存空间挤压至无，所以我们说这对王敏不公道。

第二，解决公道诉求所需要的资源，远大于诉求利益本身。

你正要上班，家里两个孩子突然打架，都指控对方欺负了自己。你如果想要"公道"处理，那就得坐堂审案，先听大宝说，再听二宝说，大宝说完二宝会说他撒谎，二宝说完大宝说他骗人。所以你还要担任侦探，弄清楚到底是谁在说谎。这么点屁事要花你仨月工夫，最后还可能弄成冤案。

可你根本没有仨月的时间，你只有上班要出门前的30秒。

就算你发了狠，干脆辞工，专门来处理大宝二宝的冲突——但就在你处理的过程中，大宝二宝仍然每天厮打，这一起还没有处理完，你手里就积压了几百起新的冲突，而且每起冲突，都比你正在处理的事件大。

你说你哪个办？

第三，世间没有公道。

着急出门上班的你，面对两个孩子的相互指控，只会捞起两个人，每人屁股上各打几巴掌：不省心的东西，净给妈妈添乱，我打死你俩狗日的……

但这件事，很可能是二宝被大宝欺负了。他投诉的结果是非但没有讨回公道，反而遭受更大的伤害。

如果二宝够聪明，就会明白世间根本没有公道。

如果二宝一根筋，这辈子他可能耿耿于怀，日夜流泪叹怨原生家庭，哭诉他要用一生治愈童年。

山西监狱中冤死的无名的王敏，遭遇的就是这些冷酷法则。

他想讨取公道。

但人世间，就没为弱势者准备这个。

那么王敏到底应该怎么办？

难道他遭遇了那么黑暗的现实，就只能忍气吞声吗？

/ 06 /

生而为人，要牢记以下几条法则：

第一个，小孩子才要公道，成年人只论利益。

有些年轻人进入职场，被主管欺凌，如果向老板投诉，往往很难获得支持。为什么呢？

因为你的委屈或公道，是要消耗资源的。

老板开公司，是赚钱来的，不是花钱给你主持公道的。

不是说成年社会就没有公道而言，而是社会为你讨取公道耗费的资源，远大于你的公道利益本身。如果你没有相应的利益价值，就无法获得庞大的资源支持。

第二个，有本事的，凭本事。

名著《基督山伯爵》的主人公，被人诬陷，下狱14年，拼死逃出。

他不是一逃出来，就立即要求翻查旧案。而是先去小岛上寻获大量珍宝，有了资本后再一一报复陷害者。

电视剧《琅琊榜》中的主人公，被人冤到七荤八素，他也不是每天投诉要求申冤，而是先行获得权力，再说自己的事。

鲁迅先生说：楼下一个男人病得要死，那间壁的一家唱着留声机；对面是弄孩子。楼上有两人狂笑；还有打牌声。河中的船上有女人哭着她死去的母亲。人类的悲欢并不相通，我只觉得他们吵闹。

对你来说天大的事，对别人却只是噪声。你如果没有话语权，纵然冤死，别人也不会吭气。山西的王敏就是个典型例子，他为讨取公道，死得那么惨，时至今日，有谁曾替他说过一句话？

个人的公道，只能靠本事夺取。

第三个，**没本事的，学本事。**

如果《基督山伯爵》的主人公在狱中弄死自己，又或是《琅琊榜》主角梅长苏一头撞死自己，都只会让他们的对手称心如意。

所以《基督山伯爵》和《琅琊榜》的主人公，都不曾击鼓鸣冤。

他们只是忍辱泣血，不停地长本事、长本事。

当他们的本事大到不会被人忽视的时候，他们所要求的公道，才会迟迟来到。

这世界，只有爸爸妈妈会给你公道。

别人，没这个义务！

天之道，损有余而补不足；人之道则不然，损不足以奉有余。物质发达的国家，人心是极平和的。但在社会财富还远远不足的国家，公众认知更趋于社会达尔文主义——弱肉强食，适者生存，很少理会公正的诉求。富足之地，你可以呼吁全社会关心你的玻璃心；但在匮乏之所，你必须强化自己的利益价值，获得相应的话语权。人类的一切，都寄望于两个词：希望与努力。没有希望，我们就没有未来；没有努力，我们就没有公道。**只有通过我们的努力来让社会得到改善，那些微小的诉求与委屈，才会获得更多关注。**